KB174395

그린하다

GREENHADA
그린하다

황병대 지음

글로벌콘텐츠

『그린하다』의 핵심 메시지는 인간 활동이
자연의 일부임을 인정하고 이러한 관계를
존중하는 것에서 시작된다.

그린하다GREENHADA

　『그린하다』GREENHADA는 농업의 미래를 재정의하려는 깊은 신념을
바탕으로 한 책이다. 범용으로 널리 쓰이는 친환경Environment-friendly 개
념을 뛰어넘어 생태 살리기Eco-Alive 농업이라는 새로운 길을 제시하
며, 스마트 농업의 한계를 극복하여 윤리적이고 생태적인 농업 관행
으로 나아가자는 호소를 담고 있다. 저자는 기술적 발전에도 불구하
고 미개척된 농업의 윤리적, 생태적 측면을 탐구하며, 이를 통해 지
속 가능하고 생명을 존중하는 농업의 실현을 목표로 한다.
　『그린하다』는 농업이 단순히 식량 생산의 수단이 아니라 생태계
의 생명을 유지하고 증진시키는 핵심 요소임을 강조한다. 또한 농
민, 소비자, 학생, 정책 입안자 그리고 지구의 미래를 걱정하는 모
든 사람에게 영감을 주며, 함께 농업 혁신에 동참할 것을 촉구한다.
　『생태의 시대Die Ära der Ökologie』의 저자 요아힘 라트카우의 관점에서
볼 때 '그린하다' 개념은 생태와 지속 가능성에 대한 우리의 이해를
깊게 하고 실질적인 행동으로 이어지게 하는 데 중요한 역할을 한다.
라트카우는 자연과 인간의 상호작용에 대한 심도 깊은 탐구를 함으
로써 생태의 시대에 걸맞는 새로운 생활 방식과 사고방식을 도입할

필요성을 강조한다. 같은 맥락에서 에코-얼라이브 시스템의 혁신적인 접근 방식은 단순히 환경 문제를 해결하는 것을 넘어, 경제적, 사회적, 문화적 차원에서의 지속 가능한 발전을 추구한다.

『그린하다』는 지구의 생태계를 보호하고 복원하는 방법뿐만 아니라 인간이 자연과 조화를 이루며 공존할 수 있는 방법을 탐색한다. 이는 지역 사회의 참여와 글로벌 네트워크의 협력을 필요로 하며, 다양한 지역과 문화에서의 지속 가능한 실천 사례를 통해 이러한 공존의 가능성을 구체적으로 보여준다. 아울러 지속 가능한 농업, 생태계 서비스, 자연 자원 관리 등 다양한 주제를 다루며, 이를 통해 우리가 직면한 환경적 도전에 대한 혁신적이고 실용적인 해결책을 제시한다.

이 책의 핵심 메시지는 인간 활동이 자연의 일부임을 인정하고 이러한 관계를 존중하는 것에서 시작된다. 자연을 단순한 자원으로 보는 대신, 생명을 품고 있는 존재로서의 가치를 인식하고, 이를 바탕으로 지속 가능한 발전을 모색하는 것이다. 우리는 에코-얼라이브 시스템을 통해 어떻게 우리의 생활 방식을 변화시킬 수 있는지, 그리고 이러한 변화가 어떻게 긍정적인 사회적, 경제적 영향을 끼칠 수 있는지에 대한 통찰을 들여다볼 수 있다.

또한 교육과 의식 개선의 중요성을 강조한다. 미래를 위해서는 모든 세대가 생태적 의식을 가지고 행동할 필요가 있으며, 이를 위해서는 교육과 정보의 접근성이 보장되어야 한다. 이 책은 생태계에 대한 깊은 이해와 존중을 바탕으로 한 교육이 어떻게 지속 가능한 사회로의 전환을 촉진할 수 있는지 보여준다.

정리해 보면, 『그린하다』는 생태의 시대를 맞이하여 우리 모두가 취할 수 있는 구체적인 행동과 생활 방식의 변화를 제안한다. 이는 개인의 일상에서부터 정책 결정에 이르기까지 모든 수준에서의 노력을 포함한다. 생태계와의 조화를 중심으로 한 생활 방식의 도입은 우리 모두에게 지속 가능한 미래로 나아가는 길을 제시하며 이 책은 그 여정에서의 중요한 길잡이가 될 것이다. 단순히 지속 가능성에 대한 이론적 접근을 넘어서 실천적인 변화를 이끌어내는 데 필요한 지식과 영감을 건넨다.

'그린하다'는 에코-얼라이브 시스템의 실천을 통해 농업이 직면한 위기를 극복하고, 건강한 생태계와 지속 가능한 사회를 구현하는 데 선도자[Pioneer] 역할을 할 것이다.

　그린하다: 지속 가능한 농업과 생태는 지구와 인류의 건강한 미래를 위해 우리 모두가 나아갈 방향을 제시한다. 이 책을 통해 독자 여러분이 지속 가능한 농업과 생태의 중요성을 이해하고, 이 분야에서의 혁신과 변화를 주도하는 데 필요한 지식과 영감을 얻을 수 있기를 바란다.

에코-얼라이브 농업은 그린 생태친화농업의 첨경이다. 새로운 길, 『그린하다』는 '스마트 농업을 넘어 정의로운 농업으로'라는 농업 혁신의 한가운데로 떠나는 여정이다. 이 책은 농업의 미래는 현재의 농업 관행과 기술 패러다임을 뛰어넘는 곳에 있다는 깊은 신념에서 출발했다. 따라서 우리 인류가 지구 행성의 땅을 경작하고 작물을 키우며 먹거리를 공급하는 방식을 다시 생각해 보자는 탐험이자 초대이며 도전이다.

농업이 엄청난 기술적 발전을 이뤘지만 농업의 윤리적, 생태적, 총체적 측면이라는 미개척 분야가 여전히 남아 있다는 사실을 깨닫고 이 여정에 착수했다. 이 책은 전통적인 관행과 미래 기술 사이의 간극을 좁히고자 하는 열망으로 20여 년간의 연구, 전문가와의 토론, 실전 현장 마케팅을 통해 직접 관찰한 결과의 결정체이다. 전 이스라엘 대통령 시몬 페레스는 "농업은 95%가 과학기술이고 농업 노동은 5%에 지나지 않는다"라고 말했다. 일반인들이 반대로 알고 있는 그 궁금증에 대해 검증과 실증을 거듭하면서 그의 탁월한 식견에 크게 공감한 결실이기도 하다.

에코-얼라이브 시스템 농업은 단순한 개념이 아니라 21세기 첨단 생명과학 기반의 올바르고 곧은 스마트 파밍Smart Farming 실천을 촉구하는 것이다. 이는 오염되어 가는 토양과 작물, 궁극적으로 우리 생태계에 다시 생명을 불어넣는 일이다. 농업의 생산성과 안전성이라는 표면적인 접근 방식을 넘어 지속 가능하고 윤리적이며 자연과 조화를 이루는 진정한 생명 생태농업의 본질을 탐구한다.

이 책에는 기초과학 기술, 현장 이야기, 마케팅 전략이 어우러져 있다. 산업의 전반적인 현상에 안주하는 관행에 도전하는 새로운 개념의 혁신적인 비료시스템부터 생산자와 소비자 간의 힘을 보여주는 풀뿌리 마케팅 성공사례까지 생명과학 기술이 토양의 건강, 작물의 생산성, 식품 안전에 대한 우리의 사고방식을 어떻게 혁신적으로 바꾸고 있는지 살펴본다. 이러한 이상적인 모델의 실제 적용과 심오한 영향력을 보여주는 사례 연구로 깊이를 더한다.

에코-얼라이브 시스템 농업은 생산자, 소비자, 전문가, 학자, 정책 입안자의 관점들을 다양하게 아우른다. 이는 생태계의 상호 연결성을 이해하고 농업에서 우리가 내리는 각 선택이 즉각적인 먹거리와 환경뿐만 아니라 지구촌에 두루 영향을 미친다는 사실을 인식하는 것이다.

우리가 살고 있는 지구는 오늘날 그 어느 때보다도 급격한 변화의 소용돌이 속에 있다. 인구 증가, 기후 변화, 자원 고갈과 같은 도전

과제는 우리의 생존 방식, 특히 농업과 먹거리 생산시스템에 근본적인 변화를 요구하고 있다. 이러한 시점에서 지속 가능한 미래를 위한 새로운 접근 방식이 절실하게 필요하다. 바로 이러한 필요성에서 출발한 이 책은 현대 농업의 문제점을 진단하고 생명과학과 농업의 융합기술이 어떻게 이러한 문제를 해결할 수 있는지에 대한 현실적인 통찰을 담고 있다.

이 책장을 넘기면서 농업 혁명에 동참할 수 있는 영감과 지식, 용기를 얻기를 바란다. 농민이든, 소비자든, 학생이든, 아니면 단순히 지구의 미래를 걱정하는 사람이든, 에코-얼라이브 시스템 농업의 이야기에는 여러분을 위한 자리가 있다.

농업이 단순히 식량을 생산하는 것이 아니라 전 생태계의 생명을 온전히 보호하고 보존하는 일이 되는 미래를 함께 만들어 가자. 『그린하다』의 신세계에 오신 것을 환영한다.

[양분물질균형 퇴화에 따른 복원 소요기간]

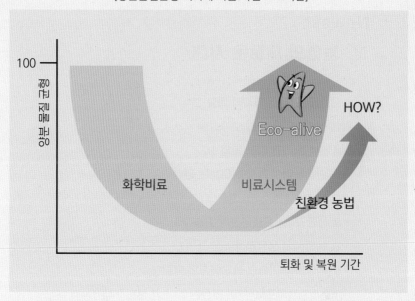

토양에서의 양분물질 불균형 → 작물의 양분불균형으로 이어져… 어떻게?
부족 영양소를 무·유기물로서 보충, 충당하고자 하나 미네랄과 효소촉매제
등 부재로 특단의 조처가 요구된 Bio-Feedback 원리: Eco-alive System

목차

Alive

3장 살아있는 농장에서 식품까지

GREENHADA

6장 지구를 푸르게 '그린하다'

Newest

1장
농업의 새로운 시대

녹색혁명의 화학 농법을 뛰어넘는
혁신 기술시대 열어

'그린의 정신'은 우리가 지속 가능한 미래를 위해 취할 수 있는 구체적인 행동과 정책을 탐색하며 개인, 기업, 정치 활동가에게 새로운 도전을 극복하고 지구를 보호함과 동시에 존중하는 방법을 모색할 것을 촉구한다.

1

그린의 정신
the Spirit of Green

　그린의 정신은 현대 사회에서 점점 더 중요해지고 있는 개념으로 우리가 직면하고 있는 환경적, 경제적 도전을 극복하기 위해 필요한 새로운 사고 방식을 제안한다. 2023년에 출판된 『그린의 정신』에서 윌리엄 노드하우스는 그린이 단순히 자연을 상징하는 색깔이 아니라 지속 가능한 발전과 환경적 책임을 중시하는 사회 운동으로서의 의미임을 강조한다. 그는 현대 산업 사회의 부작용을 인식하고, 이를 치유하거나 억제할 수 있는 방법으로 지속 가능한 세계를 위한 그린 경제학을 피력한다.

　기후 변화, 팬데믹, 환경 오염과 같은 심각한 문제들은 우리 모두가 참여해야 할 강력한 상호 작용을 요구한다. 이러한 문제들을 해결하기 위해서는 경제적 번영과 환경 보호를 조화롭게 이루는 새로운 접근 방법이 필요하다. 노드하우스는 탄소 배출과 환경적 피해와 같은 경제 활동으로 인한 부정적 영향을 해결하기 위해 책임 있는 행동과 비용의 직접적 부담을 주장한다. 이는 다른 사람, 다른 세대, 다른 생명체에게 떠넘기는 대신 그 비용을 직접 지불할 수 있도록 보장하는 것을 의미한다.

그린의 이중 의미는 자연의 빛깔로서의 그린과 사회 운동으로서 그린 사이의 상호 연결성을 드러낸다. 자연의 빛깔로서의 그린은 생명력과 풍요로움을 상징하며 우리에게 지구 보호와 보존의 중요성을 상기시킨다. 반면 사회 운동으로서의 그린은 환경 보호와 지속 가능한 발전을 촉진하는 운동으로 현대 사회의 다양한 부작용에 대응하고자 하는 깊은 의미를 내포하고 있다. 이러한 사회 운동은 개인의 행동 변화부터 시작하여 기업, 정치, 법률에 이르기까지 광범위한 영역에 영향을 미치며 지속 가능한 미래를 향한 새로운 접근 방법을 제시한다.

노드하우스는 그린 사고 방법을 통해 현대 사회가 직면한 경제적 충돌과 스필오버^{쾌잉} 비용 같은 문제들을 해결할 수 있는 방안을 모색한다. 이는 단지 환경적인 문제에 국한되지 않으며 경제적인 번영과 환경적인 도전 사이의 조화를 찾아내는 것을 목표로 한다. 그린의 정신은 경제 번영과 환경 보호가 상호 배타적이지 않다는 점을 강조하며 지속 가능한 발전을 위한 실질적인 전략과 정책을 탐색한다.

녹색혁명을 이끈 화학이 과연 녹색^{친환경}이었을까? 20세기 중반부터 일련의 화학 기반 농업기술이 단위 면적당 산출량을 증가시키는 데 일조했으나 그 부작용이 많이 따른다는 사실이 명확해졌다. 생태적으로 토양, 물, 생물다양성 같은 천연자원뿐만 아니라 지구와 인류의 건강에도 심대한 악영향을 끼쳤다.

『그린의 정신』은 우리 모두에게 중요한 메시지를 전달한다. 그것은 자연과의 조화로운 공존을 추구하며 지구의 건강과 우리 자신의 미래를 위해 책임감 있는 행동을 취해야 한다는 것이다. '그린의 정신'은 우리가 지속 가능한 미래를 위해 취할 수 있는 구체적인 행동과 정책을 탐색하는 동시에 개인, 기업, 정치 활동가에게 새로운 도전을 극복하고 지구를 보호하며 존중하는 방법을 모색할 것을 촉구한다.

또한 그린 시대를 향한 우리의 여정에서 중요한 지침을 전하며 자연의 빛깔로서뿐만 아니라 사회 운동으로서의 그린 또한 우리 모두 책임감을 가지고 행동해야 하는 것임을 상기시킨다. 이에 그 정신을 담아 책의 제목을 '그린하다'로 정했다.

2
농업 관행의 역사적 개요

농업은 인류의 역사와 깊이 연결되어 있고 시대마다 그 모습을 달리하며 문명의 발전에 중추적인 역할을 해왔다. 최초의 농사 시작에서부터 현대에 이르기까지 농업 관행은 사회, 경제, 문화의 변화와 함께 발전해 왔다. 인류는 신석기 시대에 농업을 통해 정착 생활을 시작했으며 이는 곧 인구 증가와 복잡한 사회 구조의 형성으로 이어졌다. 중동의 비옥한 초승달 ^{최초로 문명이 만들어진 고대 근동, 지금의 중동} 지역에서 시작된 농업은 인류에게 안정적인 식량 공급원을 제공했고 그 후 전 세계로 확산되었다.

고대 문명의 발달과 함께 농업은 더욱 발전하였으며 각 문명은 홍수의 주기를 이용한 관개 시스템과 같은 고유한 농업 기술을 개발했다. 중세 유럽에서는 농업이 봉건제의 경제적 기반을 이루었고 아시아에서는 자경농이 주를 이루었다. 이러한 시대를 거치며 인류는 농업을 통해 사회와 경제의 기반을 다지고 다양한 문화와 전통을 발전시켜 왔다.

산업 혁명은 농업에 근본적인 변화를 가져왔다. 기계화와 과학적 방법의 도입으로 생산성이 대폭 향상되었고, 이는 인류의 식량 생산 방식을 근본적으로 변화시켰다. 기술의 발전은 노동의 효율성을 높였으며 화학비료와 살충제의 사용은 농작물 수확량을 더욱 증가시켰다. 하지만 이러한 변화는 환경에 대한 부정적인 영향을 초래하기도 했다.

20세기에 들어서며 현대 농업은 지속 가능성과 생태환경 보호에 대한 새로운 도전에 직면했다. 유기 농업과 친환경 농법의 부상, 생물공학 기술을 활용한 유전자 변형 작물의 개발 그리고 정밀 농업의 도입은 농업이 나아가야 할 새로운 방향을 제시했다. 이러한 혁신은 자원의 효율적인 사용과 생태계 보호를 가능하게 하며 동시에 인구 증가와 기후 변화 같은 글로벌 도전에 대응하는 지속 가능한 식량 생산 방식을 모색했다.

미래 농업은 기술 혁신과 생태계와의 조화를 기반으로 하는 지속 가능한 발전을 추구한다. 이는 자연과 인간의 상호 의존적인 관계를 인정하고 생태계 보호와 식량 안보 강화를 동시에 달성하기 위한 다양한 접근 방식을 포함한다. 유기 농업, 순환 농업, 미생물 농업 등 환경 친화적인 농법의 적용은 토양의 건강을 유지하고 토양생태계의 균형을 보호하는 데 중요하다. 또한 생명공학 기술을 통한 유전자 변형 작물의 개발은 식량 생산의 효율성을 높이면서도 윤리적, 환경적 측면을 고려하는 중요한 연구 분야로 자리 잡고 있다.

현대 농업의 발전은 기후 변화, 자원 고갈, 생물 다양성의 감소와 같은 글로벌 도전과제에 직면해 있으며, 이에 대응하기 위해 농업 커뮤니티는 책임 있는 농업 실천을 도모하고 있다. 정밀 농업과 같

욕지도 고구마농장 전경

은 혁신적인 기술의 도입은 농작물의 성장 상태를 정밀하게 모니터
링하고 자원의 효율적 사용을 가능하게 하여 지속 가능한 농업 실천
의 일환으로 주목받고 있다.

농업은 인류의 생존과 발전에 필수적인 요소이며 역사를 통해 그
중요성은 계속해서 강조되어 왔다. 미래 농업의 발전 방향은 지속 가
능성, 환경 보호, 식량 안보 강화라는 핵심 가치를 바탕으로 인류와
자연이 조화롭게 공존할 수 있는 방안을 찾는 일이 될 것이다. 이러
한 노력은 지구상의 모든 생명체가 함께 번영할 수 있는 미래로 나
아가는 데 결정적인 역할을 할 것이며, 이는 과거의 교훈과 현대 기
술의 혁신이 결합될 때 실현 가능하다. 농업의 역사는 인류가 자연
과의 관계를 어떻게 형성하고 발전시켜 왔는지를 보여주는 거울이
며, 이를 통해 우리는 미래를 위한 지속 가능한 경로를 찾아 나갈 수

있다. 지금까지의 농업 관행에서 얻은 경험과 지식 그리고 현대 기술의 발전을 결합하여 지구의 건강을 보호하고 모든 인류에게 안정적인 식량 공급을 보장하는 새로운 농업의 장을 열어가야 한다. 이 과정에서 중요한 것은 인간과 자연의 조화로운 공존을 위한 책임감 있는 선택과 실천이며, 이는 지속 가능한 농업의 실현을 통해 가능해질 것이다.

따라서 농업의 미래는 단순히 기술적 진보에 의존하는 것이 아니라 그 바탕에 인간의 윤리적 가치와 환경에 대한 깊은 이해와 존중이 있어야 한다. 농업이 지속 가능한 방향으로 나아가기 위해서는 생태계 보호, 자원의 효율적 사용과 더불어 모든 생명체의 복지를 고려하는 포괄적인 접근 방식이 필요하다. 이를 위해 농업 커뮤니티뿐만 아니라 모든 사회 구성원들이 함께 협력하고 지식을 공유하며 미래를 향한 창의적이고 혁신적인 해결책을 모색해야 할 것이다. 이 과정에서 과학과 기술, 전통 지식 그리고 현지의 경험은 모두 중요한 자원으로 활용될 수 있다. 지속 가능한 농업이라는 목표는 인류가 직면한 기후 변화, 식량 안보, 생물 다양성 손실과 같은 글로벌 도전과제에 대응하기 위한 필수적인 경로이다. 이러한 경로를 따르기 위해서는 전 세계 농업 커뮤니티와 관련된 모든 이해관계자들이 지속 가능한 방식으로 농업을 진행하고자 하는 공동의 의지를 바탕으로 협력해야 한다. 현대의 기술적 혁신과 전통적 지식의 결합은 이러한 목표 달성을 위한 강력한 도구가 될 수 있으며, 이는 우리가 보다 나은 미래를 향해 나아가는 데 꼭 필요한 기반을 제공할 것이다.

이 과정에서 우리는 농업 관행을 단순히 식량 생산의 수단으로만

보지 않고 환경 보호, 사회적 공정성, 경제적 지속 가능성을 포함하는 광범위한 문제에 대한 해결책으로 바라보아야 한다. 농업은 토양의 건강을 유지하고, 수자원을 보호하며 생물 다양성을 증진시키는 동시에 모든 사람에게 충분하고 영양가 있는 식량을 제공할 수 있는 방식으로서 식량 시스템을 재구성하는 것을 목표로 한다.

지속 가능한 농업으로의 전환은 단기적인 경제적 이익을 넘어서 장기적인 관점에서 지구와 인류의 미래를 보호하는 것을 의미한다. 이러한 전환은 지역 사회의 참여와 지원을 필요로 하며 정부와 민간 부문에서의 정책적 지원도 중요하다. 또한 소비자들의 의식 변화와 유기 농산물에 대한 수요 증가도 이러한 변화를 촉진하는 중요한 요소이다.

농업의 역사적 개요를 통해 볼 때 인류는 항상 변화와 도전에 직면해 왔으며 이러한 변화와 도전을 극복하기 위해 농업 관행을 발전시켜왔다. 지금 우리가 직면한 환경적, 사회적 도전은 우리에게 지속 가능한 농업으로의 전환을 요구하고 있으며, 이는 단순한 선택이 아닌 생존을 위한 필수적인 조치가 되었다. 이러한 전환은 우리 모두에게 지구와 인류의 미래를 위한 책임 있는 행동을 취할 것을 요구하며, 이는 곧 우리 모두가 함께 나아가야 할 길임을 의미한다.

3
전통적인 농법의 오류

농업은 인류 역사의 새벽부터 우리 생존의 근간을 이루어 왔지만 시대가 흐르면서 전통적인 농법이 지닌 한계와 문제점들이 점차 명확해지고 있다. 과거의 농업 관행이 단기적인 생산성과 이익 증대에 중점을 두었다면, 이제는 그 방식이 장기적인 환경 파괴, 토양 고갈, 생태계 균형의 붕괴로 이어지며 지속 가능성의 부재를 드러내고 있다. 전통적인 농법의 오류는 단일 작물 재배의 확산, 과도한 화학비료와 독성 농약 사용, 물과 에너지 자원의 비효율적 사용 등 다양한 형태로 나타난다.

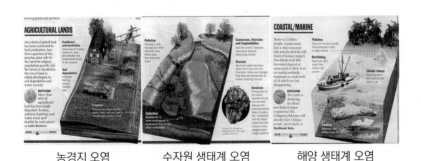

농경지 오염　　　수자원 생태계 오염　　　해양 생태계 오염

출처: Time 4-5, 2000, Chemical Fertilizers Cause Pollution

대표적인 폐해는 앞쪽에 별첨한 그림《Time》4-5, 2000[2000년도 타임지]에 적나라하게 소개되었듯이 19세기 중반에 이르러 등장한 인공 화학물질들이 농경지와 지하수 오염은 물론 하천, 호수, 강 등 수자원과 해양 생태계의 치명적 오염을 야기했다. 이는 농업 생태계뿐만 아니라 인간의 건강과 지역 경제에도 부정적인 영향을 미치며, 결국 지구의 생태적 지속 가능성을 위협한다.

전통적인 농법이 가져온 경제적 불평등, 식품의 질 저하, 환경적 피해는 농업의 미래를 재고하게 만든다. 이제는 환경을 존중하고 생태 자원을 관리하는 새로운 농업 모델이 필요한 시점이다. 이러한 문제 인식을 바탕으로 미래 농업은 유기 농업, 정밀 농업, 순환 농업 등의 혁신적인 방식을 통해 전통적인 농법의 한계를 극복하고자 한다. 이들 접근 방식은 생태계와의 조화, 생물 다양성의 증진 그리고 자원의 효율적 사용을 중심으로 한다. 또한 최신 기술의 도입은 농업 생산성과 지속 가능성을 동시에 달성할 수 있는 방법을 제공한다.

미래 농업으로의 전환은 단순히 농법을 변경하는 것을 넘어서 우리가 자연과 상호작용하는 방식을 근본적으로 제고하는 과정이다. 이는 식량 생산 방식뿐만 아니라 우리의 식생활, 경제 시스템, 환경 정책에 이르기까지 광범위한 변화를 꾀한다. 미래를 향한 이 여정은 글로벌 차원의 협력과 지역 사회의 적극적인 참여를 필요로 하며 모든 이해관계자가 공동의 목표를 향해 노력해야 한다.

환경 보호, 생물 다양성의 증진 그리고 식량 안보 강화는 미래 농업이 추구하는 핵심 가치이다. 이를 실현하기 위해서는 전통적인 농법의 오류를 인정하고, 이를 극복할 수 있는 혁신적인 접근 방식을 찾아야 한다. 유기 농업은 합성화학물질의 사용을 최소화하고 자연 순환에 기반한 농법을 추구하며, 정밀 농업은 최신 기술을 활용해 작물의 필요에 맞춘 정밀한 관리를 가능하게 하여 자원의 낭비를 줄인다. 순환 농업은 자원의 재사용과 순환을 강조하여 지속 가능한 생산 시스템을 구축한다.

이러한 변화를 통해, 우리는 농업이 단순히 인류에게 식량을 제공하는 수단을 넘어 지구의 건강을 유지하고 모든 생명체와 조화롭게 공존할 수 있는 방식으로 진화할 수 있음을 인식하게 된다. 미래 농업으로의 전환은 새로운 도전이기도 하지만 동시에 인류와 지구가 직면한 환경적, 사회적 문제를 해결할 수 있는 기회이기도 하다. 그렇기 때문에 앞서 말했듯이 다양한 이해관계자들 간의 협력과 지식 공유, 지속 가능한 목표를 향한 공동의 노력이 중요하다.

생태 환경을 존중하고 생물 다양성을 보호하며 생태 자원을 관리하는 농업은 더 이상 선택이 아닌 필수가 되었다. 미래 농업은 기술 혁신과 전통적 지식의 융합을 통해 지구의 건강을 유지하고 모든 인류가 누릴 수 있는 풍요로운 미래를 구축하는 데 핵심적인 역할을 할 것이다. 이러한 변화의 여정에서 각자의 역할을 인식하고 적극적으로 참여함으로써, 우리는 지속 가능한 미래를 향한 길을 함께 열어갈 수 있을 것이다.

4
관행농업과 미래 농업

농업 관행은 인류의 역사와 함께 발전해 왔으며 그 방식은 시대와 환경에 따라 변화를 거듭했다. 과거의 관행농업은 인류가 식량을 생산하고 인구를 유지하는 데 필수적이었지만 환경적 지속 가능성을 고려하지 않는 방식 때문에 많은 문제가 발생했다. 반면 미래 농업은 환경 보호와 생태 자원 관리를 중심으로 하는 혁신적인 접근 방식을 추구한다. 이는 기술의 발전과 생태계에 대한 깊은 이해를 바탕으로 한다.

농업 관행의 변화와 발전 과정은 다음 도표에 나타났듯이 재배기술과 밀접한 관계에 있는 비료의 발달 과정으로 살펴볼 수 있다. 농사를 시작하면서 자연의 퇴구비와 광물질비료에 의존해 작물을 재배하다가 18세기 들어 화학비료를 사용함으로써 생산성을 견인하였다. 문명의 발달과 문화의 발전에 따라 점차 식량의 증수 중심에서 안전성과 친환경에 대한 관심 증대로 물리성 유기질비료가 대두되어 널리 쓰이고 있다. 21세기에 들어 생태의 중요성이 강조되면서 토양생물성 강화를 넘어 생태 복원의 절실함으로 에코-얼라이브

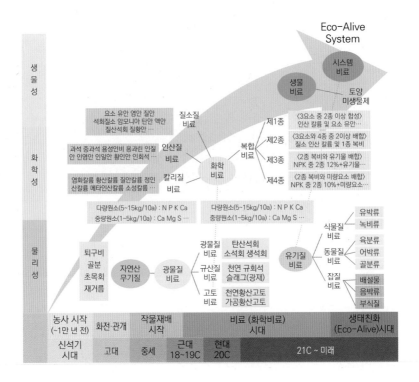

가 태동되어 시스템적 해법이 각광을 받고 있다.

농업의 역사는 약 1만 년 전 신석기 시대에 시작되었다. 이 시기 인류는 수렵과 채집에서 벗어나 체계적인 농사를 지으며 정착하기 시작했다. 고대 이집트, 메소포타미아, 인더스 강 유역 그리고 중국의 황하 유역 등 여러 고대 문명은 강을 따라 발달했다. 이들 문명에서 농업은 생활의 중심이었으며, 홍수의 주기를 이용한 관개 시스템이 개발되었다. 이러한 농업 기술의 발전은 풍부한 수확을 가능하게 했고, 인류 문명의 번영을 지탱하는 기반이 되었다.

중세 유럽에서 농업은 봉건제의 경제적 기반이었다. 대규모의 영지에서는 가봉신들이 자신의 땅을 농노들에게 분배하고 그 대가로 군사적 보호와 함께 수확의 일부를 요구했다. 한편 아시아에서는 자경농이 보편적이었으며 농민들은 자신의 토지에서 농작물을 재배하고 지역 사회와의 교환을 통해 생계를 유지했다.

산업 혁명은 농업에도 커다란 변화를 가져왔다. 기계화와 과학적 방법의 도입은 생산성을 대폭 향상시켰다. 18세기와 19세기에 걸쳐 쟁기와 씨 뿌리기 기계, 수확 기계가 개발되어 노동력의 필요성을 줄이고 더 많은 식량을 생산할 수 있게 되었다. 또한 화학비료와 살충제의 사용은 수확량을 더욱 증가시켰다.

20세기 후반부터 현대 농업은 지속 가능성과 환경 보호에 대한 인식이 증가하면서 새로운 도전에 직면했다. 유기 농업과 친환경 농법이 부상했으며 생물공학 기술을 활용한 유전자 변형 작물GMO의 개발

이 이루어졌다. 또한 정밀 농업의 도입은 농작물의 성장 상태를 정밀하게 모니터링하고 자원의 효율적인 사용을 가능하게 했다.

　그러나 오늘날 농업은 21세기에 들어서 새로운 전환기를 맞이하고 있다. 지구 생태계에 큰 영향을 미치는 인류 활동인 농업의 생산 시스템을 지속 가능한 방식으로 전환해야 한다. 바야흐로 생태 생명환경의 중요성이 대두되어 미래 농업의 좌표를 제시할 사명을 띠고 있다. 근현대사가 녹색혁명을 이끈 화학비료의 시대였다면 생명 시스템을 중시하는 미래 농업은 생태친화비료의 시대가 주도할 것이다. 이 시점에 이 책에서 언급되고 있는 에코-얼라이브 시스템 농법이 주목을 받고 있기에 관련 내용을 담고자 했다. 일반적인 친환경과 혼용해 쓰고 있고 환경 중심의 보편적 접근 방식인 생태친화 Eco-friendly보다 생태 생명에 한 차원 더 다가간 생태 살리기Eco-Alive를 주창하고자 한다.

전통적인 관행농업은 대량 생산과 고수익을 목표로 해왔다. 이를 위해 각종 합성화학제의 과도한 사용이 일반적이었다. 이러한 관행은 단기적으로는 생산성을 높일 수 있었으나 장기적으로는 토양의 비옥도를 감소시키고, 수질 오염을 일으키며, 생태계의 균형을 파괴하는 결과를 초래했다. 또한 경제적 불평등을 증대시키고 먹거리의 질이 저하되는 등의 사회적 문제도 발생시켰다.

이에 반해 미래 농업은 지속 가능성을 추구하며 환경과 조화를 이루는 방식으로 발전하고 있다. 이는 물과 토양 같은 자원의 지속 가능한 관리, 다양한 작물의 순환 재배, 생물 다종·다양성의 보호와 같은 방법을 포함한다. 또한 정밀 농업, 스마트팜 기술, IoT, 인공지능 등 최신 생명과학 기술을 적용해 농업의 효율성과 생산성을 높이면서도 환경 영향을 최소화하고 있다. 이러한 접근 방식은 농업이 사회 경제적 지속 가능성을 달성하도록 돕고 지구촌 사회와의 협력을 강화한다.

미래 농업의 중심에는 생태환경 보호와 지속 가능한 식량 안보 달성이 있다. 이를 위해 미래 농업은 환경과 인간의 건강을 고려한 유기 농업, 순환 농업, 생물 다양성을 증진시키는 생태 살리기를 위한 혼합 농업 등 다양한 방법을 모색한다. 이는 기후 변화, 자원 고갈, 생물 다양성 감소와 같은 현대 사회가 직면한 글로벌 도전에 대응하기 위한 필수적인 전략이다.

또한 미래 농업은 기술 혁신과 전통적인 지식의 융합을 통해 지속 가능한 방식으로 식량을 생산하는 데 중점을 둔다. 이는 정밀 농업 기술을 통한 식물 성장의 실시간 모니터링, 생물공학을 활용한 유전자 변형 작물의 개발, 생태환경 친화적인 농법의 적용을 포함한다. 이러한 혁신적인 접근 방식은 농업 생산성을 높이는 동시에 환경 보호와 생태계의 균형을 유지하는 데 일정 부분 기여한다.

관행농업과 미래 농업 사이의 전환은 농업이 직면한 환경적, 사회적 도전을 해결하고 지속 가능한 식량 생산과 자원 관리를 실현하기 위해 반드시 거쳐야 하는 과정이다. 이 전환은 모든 이해관계자의 협력과 기술 혁신, 정책 지원 그리고 소비자들의 지속 가능한 선택에 의해 주도될 것이다. 미래를 위한 농업의 발전은 인류와 지구의 건강한 공존을 위한 중요한 여정이며, 이를 통해 우리는 지속 가능한 미래로 나아갈 수 있을 것이다.

5
관행농업이 환경에 미치는 영향

　농업은 인류의 삶을 유지하고 발전시키는 기본적인 수단으로 역사를 통틀어 지속적으로 변화와 발전을 거듭해 왔다. 그 과정에서 전통적인 농법과 친환경 농법이라는 두 가지 상반된 농업 관행이 형성되었다. 전통적인 농법은 산업화 이후 대량 생산과 효율성을 극대화하는 데 중점을 두어 왔으며, 이는 식량 안보에 기여하는 한편 다수의 환경적 문제를 일으켰다. 반면 친환경 농법은 지속 가능한 자원 관리와 환경 보호를 우선시하며 장기적인 지속 가능성에 초점을 맞춘다.

　기존 농법이 환경에 미치는 영향은 주로 그것의 부정적인 측면에서 논의된다. 화학비료와 농약의 과도한 사용은 토양과 수질 오염을 유발하며, 생물 다양성을 감소시키고, 먹거리의 질적 저하와 같은 문제를 초래한다. 이는 또한 생태계 균형을 교란시키며 장기적으로 농업의 지속 가능성을 위협한다. 더불어 대규모 단일 작물 재배와 그릇된 농법은 토양 침식을 촉진하고 지역 생태계에 적응한 다양한 생물 종의 생존을 위협한다.

　반면 친환경 농법은 생태계와의 조화를 모색하며 화학적 방법 대신 자연적 해충 관리와 유기 비료를 활용한다. 이는 토양의 건강을 유지하고, 수질 오염을 감소시키며, 생물 다양성을 증진시킨다. 친환경 농법은 또한 순환적 자원 관리를 촉진하여 자원의 효율적 사용을 가능하게 하고 장기적인 식량 생산의 안정성을 높인다. 이러한 접근 방식은 또한 탄소 발자국^{Carbon footprint; 개인 또는 단체가 직접·간접적으로 발생시키는 온실가스의 총량}을 줄이고 기후 변화에 대응하는 데 기여한다.

지속 가능한 미래를 위한 농업의 전환은 다양한 이해관계자의 참여와 협력이 필요하다. 이는 정부의 정책 지원, 연구 및 기술 개발, 농민들의 교육 및 실천, 소비자의 의식 변화 등을 포함한다. 친환경 농법으로의 전환은 초기 비용과 시간이 소요될 수 있으나 장기적으로 환경적, 경제적, 사회적 이익을 제공한다. 이는 농업 생산성을 유지하면서도 환경을 보호하고 농업 커뮤니티의 생활 수준을 향상시키며 식량 안보를 강화하는 길을 안내한다.

농업은 인간과 지구의 미래에 결정적인 역할을 한다. 기존 농법과 친환경 농법 사이의 선택은 단순한 기술적 결정을 넘어서 우리의 윤리적 가치와 생태적 미래에 대한 비전을 반영한다. 이러한 농업으로의 전환은 인류의 생존과 번영을 위한 필수적인 과정이며, 이를 위해 지금 이 순간부터 시작해야 한다. 지속 가능한 미래를 위한 농업의 혁신은 생태 환경을 보호하고, 식량 안보를 강화하며, 모든 생명체가 조화롭게 공존할 수 있는 길을 열어줄 것이다.

미래를 위한 농업의 전환은 우리 앞에 놓인 시급한 과제이다. 기존 농업 방식이건 친환경 농업이건 생태 환경에 미치는 부정적인 영향을 재인식하고, 전환을 모색하는 것은 우리 모두의 책임이다. 이 전환은 단순히 기술적 변화를 넘어서 우리의 가치와 태도에서부터 시작되어야 한다. 지속 가능한 미래를 향한 농업의 혁신은 단순히 한 세대의 노력이 아닌, 지속적인 관심과 노력이 필요한 장기적인 과정이다. 이 과정을 통해 우리는 더 나은 미래를 위한 토대를 마련할 수 있으며, 이는 생태계뿐만 아니라 지구촌 전체에 이익이 될 것이다.

6
기후 변화와 농업 기술

    기후 변화는 오늘날 전 세계 농업이 맞닥뜨린 가장 중대한 도전 중 하나로 농업 생산성, 작물의 성장 패턴, 해충 및 질병의 확산에 광범위한 영향을 미치고 있다. 이러한 변화에 효과적으로 대응하기 위해 전 세계 농업 커뮤니티는 기술 혁신과 지속 가능한 농업 실천에 중점을 두고 있다. 극단적인 기상 현상, 변화하는 강수 패턴, 해충 및 질병의 새로운 유행 등은 농업 환경에 새로운 도전을 제기하며, 이에 대처하기 위한 새로운 접근 방식과 기술이 필요하다.

    관행농업은 토양 생태계를 파괴한다. 또한 높은 화학비료 농축물 및 제초제는 토양에 서식하는 벌레, 곤충 및 미생물을 죽여 토양을 생명력이 없게 만들고, 이는 곧 토양 침식을 일으킨다. 물을 보유하는 토양 능력이 없으면 수분은 대기 중으로 훨씬 더 빨리 증발하며 동시에 공기의 에너지나 열 역학의 불균형을 유발한다. 이 모든 것이 지구 온난화를 악화시키는 요인이다. 게다가 화학 기반 농업은 화학 생산 과정에서 이산화탄소를 비롯한 많은 오염 물질을 배출한다.

    에코-얼라이브 시스템은 토양에서 크고 작은 모든 살아 있는 유기

(좌) 에코-얼라이브 농법 / (우) 관행농법 수도작 비교처리구

체를 양육하는 하나의 비료시스템이 작동된다. 이 시스템에서 미생물은 토양 생태계를 개선하고 풍부하게 하여 모든 식물이 성공적으로 번성할 수 있도록 건전한 농작물 환경을 제공한다. 건강한 식물은 이산화탄소와 산소의 사용을 최적화하고 기체 교환에 혼란을 일으키지 않는다.

기후 변화에 적응하는 동시에 생태계를 보호하고 탄소 중립을 목표로 하는 농업 관행은 지구 온난화의 영향을 줄이고 안정적인 식량 생산 체계를 유지하는 데 필수적이다. 이는 생태계의 다종·다양성을 보호하고, 온실 가스 배출을 감소시키며, 토양에서 탄소를 효과적으로 저장하는 등의 방법을 통해 실현될 수 있다.

이러한 기후 변화 대응 기술과 관행의 성공적인 적용은 농업 커뮤니티, 정부, 연구기관과 더불어 소비자들 간의 긴밀한 협력을 필요로 한다. 교육과 훈련 프로그램을 통해 농업인들에게 지속 가능한 농법과 혁신적인 기술에 대한 지식을 제공하고 정부 및 글로벌 기구는 이러한 실천을 지원하기 위한 정책과 자금을 마련해야 한다. 더불어 소비자의 인식 변화 역시 중요한데, 건강한 농산물에 대한 수요 증가는 농업의 지속 가능한 방향으로의 전환을 가속화할 수 있다.

기후 변화는 농업에 많은 도전을 제시하지만, 이를 극복하고 지속 가능한 미래를 향해 나아갈 기회 또한 제공한다. 혁신적인 농업 기술과 관행의 도입은 기후 변화에 적응하고, 식량 안보를 강화하며, 농업 생태계와 자연 환경을 보호하는 중요한 수단이다. 이러한 농업으로의 전환은 인류가 직면한 기후 변화 문제에 대응하는 동시에 건강한 생태계와 안정적인 식량 공급망을 유지하기 위한 핵심적인 전략이 될 것이다.

이 과정에서 농업 커뮤니티와 과학자, 정책 입안자, 일반 대중 간의 지속적인 대화와 협력이 꼭 필요하다. 지속 가능한 농업의 실현을 위해 모두 함께 노력해야 한다. 기후 변화에 대응하는 농업의 미래는 우리 모두의 책임감 있는 선택과 행동에 달려 있으며, 이는 결국 더 나은 미래를 위한 노력이 될 것이다.

7

생명공학 vs 생명과학 기술

생명공학과 생명과학, 더 나아가 생명과학 기술은 현재 우리 사회와 농업 분야에서 중대한 변혁을 이끌고 있다. 이러한 분야들은 서로 다른 목표와 방법론을 가지고 있지만, 결국 인류의 삶의 질을 향상시키고 지구 환경을 보호하는 공통된 목표를 향해 나아가고 있다. 생명과학은 생명 현상에 대한 깊은 이해를 바탕으로 생물체의 복잡한 메커니즘을 탐구하는 순수 기초과학 분야이다. 반면 생명공학은 이러한 기초 지식을 바탕으로 실질적인 문제 해결을 위한 응용 과학과 공학 기술을 개발한다.

생명과학 기술은 농업에 있어서 혁신적인 기술과 방법론을 제공하며 유전자 변형 작물의 개발, 생물학적 해충 관리, 질병 저항성 품종의 개발, 정밀 농업 및 지속 가능한 농업으로의 전환 등 다양한 분야에서 적용되고 있다. 이를 통해 식량 생산의 효율성과 지속 가능성을 동시에 추구할 수 있게 되었다. 특히 유전자 변형 기술은 작물의 수확량 증대, 병충해 저항성 강화 등을 통해 식량 안보를 강화하는 데 크게 공헌하고 있다.

(좌) 에코-얼라이브 농법 / (우) 관행농법 깨 비교처리구

또한 생물학적 해충 관리와 질병 저항성 품종의 개발은 환경 친화적인 농법의 중요한 구성 요소로 자리 잡고 있다. 이러한 접근법은 화학 물질의 사용을 줄이면서도 해충과 질병으로부터 작물을 보호할 수 있는 대안을 제공한다. 이와 함께 정밀 농업 기술의 발달은 센서, 드론, 빅 데이터 분석 등을 통해 농업의 최적화를 가능하게 하며 물과 비료 사용을 최적화하고 작물의 건강을 효과적으로 모니터링할 수 있게 한다.

생명과학 기술은 농업 분야에서 지속 가능한 발전을 위한 새로운 가능성을 열어가고 있다. 이 기술의 발전과 적용은 식량 생산의 효율성과 지속 가능성을 동시에 추구하며 인류와 환경에 긍정적인 영향을 미치고 있다. 미래에는 생명과학 기술이 더욱 발전하여 농업의 지속 가능한 발전을 위한 새로운 기회가 주어질 것이다. 이를 위해 과학자들, 농업 전문가들 그리고 정책 입안자들은 생명과학 기술의 발전과 적용에 있어서 윤리적, 환경적, 사회적 측면을 고려하는 접근 방식을 채택해야 한다. 유전자 조작과 같은 생명공학 기술의 도입은 신중한 윤리적 고려를 필요로 하며 환경과 생태계에 미치는 장기적인 영향을 면밀히 평가해야 한다.

지속 가능한 농업으로의 전환은 단지 기술적인 도전뿐만 아니라 경제적, 사회적, 문화적 변화를 요구한다. 소비자의 인식과 행동 변화, 지속 가능한 농업 제품에 대한 시장의 수용성 증대, 정부와 민간 부문의 정책적 지원이 필수적이다. 또한 생명과학 기술의 발전과 더불어 농업 교육과 훈련 프로그램의 강화를 통해 농민들이 새로운 기술과 방법론을 효과적으로 채택하고 활용할 수 있도록 지원해야 한다.

앞으로 첨단 생명과학 기술과 농업의 융합은 더욱 진화할 것이며, 이는 우리가 직면한 글로벌 도전과제에 대응하기 위한 혁신적인 솔루션을 제공할 것이다. 이러한 발전적인 접근 방식은 식량 생산의 효율성과 지속 가능성을 높이는 동시에 농업이 인류와 지구 환경에 미치는 영향을 최소화하는 데 기여할 것이다. 우리는 생명과학 기술의 발전과 적용을 지원하고 지속 가능한 생태 살리기 농업을 향한 길을 함께 모색해야 한다. 이를 통해 지속 가능하고 윤리적인 미래를 위한 기반을 마련할 수 있을 것이다.

8
농업에서 생명공학의 윤리

농업과 생명공학의 결합은 현대 사회의 발전에 있어 필수적인 요소로 자리 잡고 있으며, 이러한 발전은 윤리적 고민과 함께 진행되어야 한다. 농업의 본질적 목적인 생명의 양육과 발전에 있어 생명공학은 새로운 기회와 가능성을 제공하지만 동시에 생명에 대한 책임과 윤리적 고려를 더욱 복잡하게 만든다. 동물복지는 오랜 기간 축산업의 중요한 윤리적 이슈였으며 최근에는 식물 복지에 대한 인식도 점차 확대되고 있어, 이러한 변화는 우리가 생명을 대하는 방식에 근본적인 질문을 던진다.

생명공학의 발전, 특히 유전자 조작 기술은 농업에 혁신적인 변화를 가져올 잠재력을 지니고 있으나, 이 과정에서 생물다양성 손실, 생명의 본질에 대한 개입, 환경에 대한 잠재적 영향 등 다양한 윤리적 문제들이 제기되고 있다. 유전자 조작 작물의 개발과 사용은 식량 생산의 효율성을 높이는 한편, 이에 대한 윤리적 고민과 공공의 우려를 수반한다. 이러한 윤리적 판단은 과학적 이점과 잠재적 위험 사이에서 균형을 찾는 데 초점을 맞추어야 한다.

(좌) 에코-얼라이브 농법 / (우) 관행농법 고추 비교처리구

　　농업과 생명공학의 윤리적 고민에 대응하기 위해서는 다양한 윤
리적, 철학적 관점을 고려해야 한다. 윤리적 의무론, 상대주의 등의
관점은 동식물 복지, 환경 보존, 식량 생산의 안전성 등에 대한 깊은
고민을 제공한다. 이러한 관점은 여러 의견과 가치를 포용하며 농업
윤리에 필요한 다양성을 제공한다.

　　생명공학의 발전과 적용에 있어서는 깊은 존중과 배려를 바탕으로
한 윤리적 접근이 필수적이다. 특히 유전자 조작과 같은 기술은 신
중한 윤리적 고려와 함께, 이와 관련된 윤리적 가이드라인과 교육의
중요성을 강조한다. 이는 농업과 생명공학이 서로를 보완하여 윤리
적인 미래를 향해 나아갈 수 있는 방향을 제시한다.

　　농업과 생명공학의 윤리적 고민은 단순한 기술적 도전을 넘어서
사회적, 문화적, 경제적 변화를 요구한다. 이 과정에서는 소비자의

인식 변화, 시장의 수용성 증대, 정책적 지원 등이 필요하며, 이는 생명공학 기술의 발전과 함께 안전한 농업으로의 전환을 가능하게 할 것이다. 따라서 농업과 생명공학의 발전은 생명에 대한 깊은 존중과 윤리적 책임감을 기반으로 진행되어야 한다. 이는 인류의 식량 안보와 환경 보호라는 중대한 목표를 향해 나아가는 과정에서 중요한 기준이 된다. 또한 생명공학 기술의 발전은 인류와 지구의 미래에 긍정적인 영향을 미치는 핵심 요소로 자리 잡아야 한다.

생명공학의 윤리적 활용은 농업에서 더 나은 미래를 구축하는 데 필수적인 역할을 한다. 이를 위해서는 전 세계의 과학자들, 농업 전문가들, 정책 입안자들 그리고 소비자들이 함께 협력하고, 지식을 공유하며, 혁신적인 해결책을 찾아나가야 한다. 기술 발전의 모든 단계에서 윤리적 고려는 중점적으로 다뤄져야 할 것이며, 이로써 생명공학의 진보가 사회적으로 수용될 수 있다. 또한 환경적으로 지속 가능하며 경제적으로 실현 가능한 방향으로 나아가는 데 결정적일 것이다.

결론적으로 농업과 생명공학의 결합은 미래를 향한 우리의 여정에서 매우 중요하다. 이 과정에서 윤리적 고민과 책임감은 기술적 진보뿐만 아니라 인간의 가치와 지구 환경에 대한 깊은 이해와 존중을 바탕으로 한 결정을 내리는 데 중요한 기준이 된다. 우리는 생명공학의 발전을 통해 농업의 보다 나은 미래를 모색하며, 이를 실현하기 위한 윤리적 가이드라인과 교육에 주목해야 한다. 이러한 노력은 농업이 인류와 지구의 건강한 미래를 위해 지속 가능하고 윤리적인 방향으로 나아가게 할 것이다.

9
생명과학 기술의 농업에서의 역할

  생명과학과 농업의 융합은 인류와 지구의 미래에 근본적인 변화를 가져오고 있으며, 이러한 변화는 지속 가능한 발전, 식량 안보, 환경 보호 등 인류가 당면한 중요한 과제들에 대한 혁신적인 해결책을 제시하고 있다. 생명과학 기술의 발전, 특히 유전자 편집과 같은 최첨단 기술들은 식물의 유전적 특성을 개선하여 더욱 건강하고 병에 강한 작물을 개발하는 데 공헌하고 있다. 이는 기후 변화와 같은 글로벌 도전에 대응할 수 있는 강력한 수단을 제공하며 농업 생산성 향상을 가능하게 한다.

  생명과학 기술은 유기 농업, 순환 농업과 같은 지속 가능한 농업 관행을 보다 효과적으로 실현하는 데 중요한 역할을 하고 있으며, 이는 토양 건강의 유지와 생물 다양성의 증진을 통해 농업 생태계의 보존 및 지속 가능성을 보장한다. 이러한 기술은 현재뿐만 아니라 미래 세대, 생태환경의 건강을 보장하는 방식이어야 하며, 그 과정에서 인류와 생태계의 안녕을 위태롭게 해서는 안된다. 유전공학 기술은 한 지역의 문제가 아니라 지구상의 모든 생태계에 영향을 미치는

[배추 시험 수확 전]

에코-얼라이브 농법   관행농법

[배추 시험 수확 후]

에코-얼라이브 농법   관행농법

중대한 농업의 변환이므로 신중하게 취급해야 한다.

그동안 시행해 오던 관행 농업에서 비롯된 토양의 퇴화 및 미네랄 불균형이 생태계 영양 공급 체계의 연쇄 부작용을 가져왔다. 이로 인해 현대의 각종 질병과 문제점이 유발되어서 20세기 방식의 친환경 유기농법으로는 파괴된 기간보다 몇 배는 더 긴 회복기간이 요구될지 모른다. 따라서 이러한 범지구적 문제를 해결하기 위해 21세기를 맞이하여 첨단 생명과학 기술 개발이 요원해 왔다. 그럼에도 불구하고 토양생태계의 파괴와 훼손에 대한 성찰 없이 유기질 보충 등 토양 물리성 변화의 지원사업으로 친환경 정책을 일관해 왔다.

농업은 종합예술과 같다고 하듯이 단절된 미네랄 리사이클과 파괴된 생태계의 복원에 있어 관행방식으로는 단절 파괴된 기간 이상의 지난至難하고 장구한 시간이 소요되기 마련이다. 그러나 바야흐로 2000년을 전후하여 세계경제포럼에서 선도기술을 예의주시하던 중 다년간 검증을 거쳐 2004년도 다보스포럼은 에코-얼라이브 시스템 기반 기술을 21세기를 이끌 30대 기술 중 하나로 선정했다. 그 핵심 미생물 기술로 세상의 변혁을 20여 년간 이끌고 있기에 이 책을 통해 소개하기에 이르렀다.

생명과학 기술의 발전은 먹거리의 안전성과 영양 가치 향상에도 기여하고 있다. 병원균을 식별하고 제거하는 기술, 영양소의 흡수율을 개선하는 연구는 건강한 식생활을 지원하고 공중 보건의 질을 높이는 데 도움이 된다. 이와 같은 기술들은 오염된 토양생태를 단기간에 되살리고 식품의 질을 높이며 식품 안전 문제를 해결함으로써 인류의 건강과 복지를 증진시키는 데 중요한 자리를 차지하고 있다.

[21세기 혁신 농법을 견인하는 효모의 세포도]

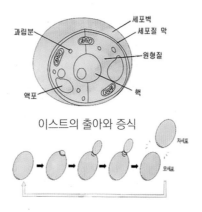

이스트의 출아와 증식

생명과학과 농업의 결합은 지속 가능한 미래로 나아가는 길에서 핵심적이다. 이 혁신적인 접근법은 식량 안보를 강화하고, 환경을 보호하며, 인류의 건강을 증진시키는 과정에서 매우 중요하다. 이러한 융합은 기술적 발전을 넘어서 지속 가능한 발전의 새로운 지평을 열고 있으며, 이는 우리가 직면한 글로벌 도전과제에 대응하기 위해 필수적인 도구로 자리잡고 있다.

앞으로도 생명과학과 농업의 연구와 혁신은 지속되어야 하며, 이를 통해 지속 가능하고 건강하며 윤리적인 식량 생산 시스템을 구축할 수 있을 것이다. 정부, 연구기관, 농업 커뮤니티, 소비자들의 공동 노력을 통해 지속 가능한 농업과 건강한 미래를 위한 기반을 마련할 수 있을 것이다. 생명과학과 농업의 긴밀한 협력은 우리가 지향하는 지속 가능한 발전의 목표를 달성하는 데 꼭 필요하다. 이는 지구상의 모든 생명체가 조화롭게 공존하는 더 나은 미래로 나아가는 길을 제시할 것이다.

10
세계경제포럼^{WEF}이 인정한
21세기 선도 기술

2004년 세계경제포럼^{World Economic Forum, WEF}은 21세기를 이끌 기술 중 하나로 홍콩의 쳉콩^{CK} 그룹에서 개발한 생명과학 기반 효모 기술을 선정하였다. 이는 거대 담론의 일환으로서 지구촌이 안고 있는 문제들에 대한 솔루션을 찾고자 하는 고차원의 방편으로 태동하여 인류 사회의 건강과 환경 분야는 물론 농업에 새로운 혁신을 가져오고 있다. 다음 표에서 알 수 있듯이 식품 산업에서 유용하게 널리 쓰이는 효모가 자연발생적 면역체계를 강화하는 기능성이 더해진 특허 효모 기술로서 실용화되었다. 이는 인류의 건강 문제를 자연치유 내지 경감시키는 효과와 더불어 자연환경제품 분야까지 진출해 동식물용 생물자원과 생태자원의 문제 해결에도 크나큰 도움을 주고 있다는 사실을 엿볼 수 있다.

이 기술은 미생물 효모를 이용하여 식물의 성장을 촉진하고 면역력을 강화하며 병해충에 대한 저항력을 강하게 하는 방법을 통해 지속 가능한 에코-얼라이브 농업을 실현하게 한다. 현대 농업이 직면한 토양 고갈, 화학 물질의 과도한 사용, 생물 다양성의 감소 등의 문제를 해결하기 위한 혁신적인 접근 방식으로서, 이 기술은 지속 가능한 농업 발전의 중대한 도전 과제에 대응하고 있다.

우리나라에서도 상용화된 특수 효모기술은 자연에서 발견되는 미생물 효모의 특성을 활용하여 식물의 성장기 중 필요한 시기에 맞춰 필요한 양만큼의 양분을 스마트하게 공급하는 메커니즘을 사용하여 농업 일선에 제공되고 있다. 이는 식물이 건강하게 성장할 수 있도록 지원하며 병해충에 대한 자연적인 저항력을 향상시키는 데 도움을 준다. 궁극적으로 화학비료와 농약의 사용을 줄일 수 있어 환경에 미치는 부정적인 영향을 감소시키며 농업 생산성과 식품의 품질을 동시에 향상시킨다.

[생명과학 기반의 효모 기술 활용 분야]

Yeast Technology(효모 기술)

특허 효모 400배   제빵용효모 400배

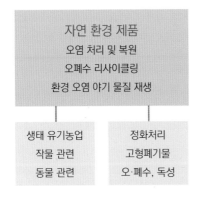

자연 환경 제품	인류 건강 제품
오염 처리 및 복원	파생되는 질병과 건강 문제를
오폐수 리사이클링	경감시키는 효능
환경 오염 야기 물질 재생	자연발생적 면역체계 강화

생태 유기농업	정화처리	조제약
작물 관련	고형폐기물	건강식품
동물 관련	오·폐수, 독성	피부병리학

* 2004년 세계경제포럼(WEF)에서 'Technology Pioneer'로 선정된 기술

이러한 생명과학 기반의 혁신은 '생태 살리기^{Eco-Alive}' 농업 실천을 촉진함으로써 토양 건강 유지, 생물 다양성 보호와 같은 중요한 농업 목표를 달성하는 데 기여한다. 또한 기후 변화에 대응하는 데에도 중요한 역할을 하며 온실가스 배출량 감소에도 도움될 수 있다. 이는 지속 가능한 농업이 단순한 이상^{理想}이 아니라 현실에서 구현 가능한 목표임을 보여준다. 생명과학과 농업의 융합 기술은 농업의 미래를 형성하고 있는 중요한 요소로 첨단 기술이 만나 농업 생산성을 높이는 동시에 지속 가능한 방향으로 나아갈 수 있는 길을 제시하고 있다. 이러한 혁신적인 기술들은 농민들에게는 더욱 효율적인 농업 경영을 가능하게 하고 소비자들에게는 안전하고 고품질의 농산물을 제공함으로써 농업 산업 전반에 긍정적인 영향을 미친다.

글로벌 신인도를 지닌 천연 효모 기술과 같은 생명과학 기반의 혁신은 농업이 직면한 다양한 문제에 대한 해결책을 제공하며 지속 가능한 농업 발전을 위한 새로운 기회를 열어가고 있다. 이러한 기술의 발전과 적용은 농업의 미래를 재정의하며 안정적인 식량 생산과 생태계 복원 및 환경 보호라는 다방면의 중요한 목표를 동시에 달성할 수 있는 길을 보여준다.

11

그린 시대, '그린하다^{GREENHADA}' 소개

오늘날 널리 쓰이고 있는 그린^{Green}은 1800년대 말 환경주의에서 태동해 성행하고 있다. 바야흐로 그린 시대를 살면서 우리는 지속 가능한 미래를 위한 새로운 패러다임의 필요성을 절실히 느끼고 있다. 이러한 변화의 중심에서 '그린하다^{GREENHADA}'라는 혁신적인 개념이 탄생했다. 이 용어는 녹색산업 '그린'에 우리말 '하다'를 더한 능동형의 신조어이자 영어의 'Green^{녹색}'과 스페인어의 'Hada^{천사}'를 결합하여 만들었으며 녹색 산업과 자연의 마법적인 요소를 상징한다. '그린하다'는 이 책을 통해 개념을 더욱 확장하여 우리가 지향해야 할 지속 가능한 농업과 생태계 보전의 이상향을 제시한다.

우리 인류는 환경의 중요성을 더욱 깊이 인식하는 그린 시대에 살고 있다. 이 시대의 특징은 미래를 위한 변화와 혁신의 필요성에 대한 대중적인 인식의 증가다. 이러한 변화의 중심에는 '그린하다'라는 진보적인 개념이 도입되어 자연과 인간 사이의 조화로운 공존을 지향하는 새로운 생태적 패러다임 변화를 꾀한다. '그린하다'는 녹색 산업과 자연의 마법적인 요소를 결합한 것으로 지속 가능한 농업

진산티앤씨의 그린하다 캐릭터

과 생태계 보전을 위한 구체적인 방안을 탐구한다.

'그린하다'는 보편적으로 널리 쓰이는 친환경 Environment-friendly, 혹은 편의적으로 번역되는 Eco-friendly 보다 진일보한 '생태를 살리자'는 에코-얼라이브 Eco-Alive 농업의 새로운 개념을 통해 윤리적이며 생태적으로 지속 가능한 농업의 중요성을 강조한다. 에코-얼라이브 농업은 기존의 스마트 농업 기술을 넘어서 인간과 자연이 조화롭게 공존할 수 있는 농업 방식을 추구한다. 이는 환경 보호와 생태계의 건강을 최우선으로 하는 농업 실천을 의미한다. 이러한 접근 방식은 지구의 자원을 보존하고 미래 세대를 위한 식량 안보를 확보하는 데 중요한 역할을 한다.

'그린하다'는 단순히 이상적인 모델을 제시하는 것에 그치지 않고 실제로 에코-얼라이브 농업이 어떻게 현실에서 구현될 수 있는지를 보여준다. 이를 위해 저자는 다년간의 연구와 현장 경험을 바탕으로 다양한 실증 사례를 제공한다. 저자가 20여 년에 걸친 연구와 전문가들과의 토론 그리고 실전 현장에서의 마케팅 경험을 통해, 에코-얼라이브 농업이 실제로 어떤 변화를 가져올 수 있는지를 보여준다. 지속 가능한 농업 방식이 어떻게 환경적, 경제적, 사회적 이익을 동시에 달성할 수 있는지를 이 책의 다각적인 실증사례 연구를 통해 보여주고, 이러한 이상이 현실에서 어떻게 구현될 수 있는지 구체적으로 설명하며, 이를 통해 독자들에게 실천적인 영감을 제공한다. 또한 윤리적인 소비와 생산의 중요성을 강조하며 소비자와 농업인 모두가 지속 가능한 미래를 위해 책임 있는 선택을 해야 함을 강조한다.

　'그린하다'는 그린 시대를 살아가는 우리 모두에게 농업의 미래가 단순한 기술적 진보를 넘어 인간과 자연이 조화를 이루며 상생할 수 있는 길임을 모색하고 지구의 건강과 우리 자신의 미래를 위해 책임감 있는 행동을 취할 것을 촉구한다. 이러한 접근 방식은 지구와 모든 생명체가 함께 번영할 수 있는 미래를 만들어 나가는 데 필수적이다. '그린하다'는 이러한 미래로 나아가는 길을 안내하는 귀중한 자료가 될 것이다.

Ecology

2장

생태 얼 살리기

흙이 살아 숨 쉬는 농장에서 식품까지:
에코-얼라이브 시스템이 당신에게 주는 선물

'생태의 시대'에 우리는 인간과 자연이 함께 성
장하고 번영할 수 있는 지속 가능한 미래를 꿈
꾸며, 자연을 사랑하는 생태 얼 살리기를 통해
더 나은 지구를 후손에게 물려주고자 한다. 작
은 실천이 모여 큰 변화를 일으킨다.

친환경 vs 에코-얼라이브
Environment-friendly vs Eco-Alive

우리가 걸어가는 이 길이 언뜻 보기엔 황량한 땅처럼 보일지도 모른다. 현재 우리가 먹고 있는 음식 대부분은 생명력을 잃어버린 흙에서 나온다. 각종 산업폐기물 및 화학비료와 농약으로 가득 찬 이 땅에서 자란 식물들은 필요한 영양분과 약리성분을 제대로 흡수하지 못하며 우리의 건강에도 좋지 않은 영향을 미친다. 하지만 절망만이 있는 것은 아니다. 우리에게는 희망이 있다. 그 희망의 이름은 바로 '에코-얼라이브 시스템'이다.

에코-얼라이브 시스템은 첨단 생명과학 기술과 자연의 조화를 통해 토양을 되살리고 건강한 식단을 만들어 나가는 혁신적인 농법이다. 이 농법은 마법 같은 기술로 척박한 땅을 풍요로운 낙원으로 변화시킨다. 이 장에서는 에코-얼라이브 농업을 통해 당신에게 다음과 같은 선물을 준다.

- 생명이 넘치는 식탁: 에코-얼라이브 농산물로 만든 풍성하고 건강한 식단
- 자연과의 조화: 생태 환경을 보호하며 지속 가능한 미래를 만드는 농업
- 정의로운 세상: 모든 생명체가 건강하고 안전한 생태계를 아우르는 세상

　에코-얼라이브 농업은 농업 기술을 넘어선, 세상을 변화시키는 힘이다. 이 장을 통해 당신도 그 힘의 일부가 되어 우리 모두가 손잡고 만드는 정의로운 미래에 동참해 주길 바란다. 이 글이 당신의 마음에 울림을 줄 수 있기를 희망한다. 지금부터 에코-얼라이브 농업에 대해 자세히 배워보고 당신의 삶에 긍정적인 변화를 만들어 나가기 위한 여정을 시작해 보자.

　흙이 울고 있는 세상에서 우리가 직면한 문제는 단순히 환경적인 문제를 넘어서 우리의 건강과 미래 세대 삶의 질에 직접적인 영향을 미치는 심각한 상황이다. 합성제제인 화학비료와 독성 농약으로 얼룩진 땅은 생명력을 잃어버렸으며, 이로 인해 자란 식물들 역시 영양분과 약리성이 부족한 상태로 우리의 식탁에 오르고 있다. 이러한 문제에 대한 해결책으로 제시되는 것이 바로 에코-얼라이브 농업이다.

　앞서 언급했듯이 에코-얼라이브 농업은 생명과학 기술과 자연의

조화를 통해 토양을 되살리는 혁신적인 농법이다. 이는 단순히 토양의 건강을 회복시키는 것을 넘어서 건강한 먹거리를 만들어 나가고 자연과의 조화를 이루며 정의로운 세상을 만들어 나가는 데 목표를 두고 있다. 에코-얼라이브 농업은 흙 속 미생물 활동을 연구하여 작물에 필요한 영양분을 정확하게 생성·공급하는 스마트 메커니즘 기술, 종래의 단순 비료가 아닌 신 개념의 비료시스템으로 스마트팜을 뛰어 넘은 스마트파밍 기술 그리고 그린이 그린워싱Green Washing으로 오염되어 한 차원 높은 생태친화 농업 방식인 그린온그린Green on Green 을 포함하고 있다.

이 장을 통해 에코-얼라이브 농업이 어떻게 우리의 농장과 먹거리를 변화시키고, 환경을 보호하며, 모든 생명체가 건강하고 안전한 생태계를 아우르는 정의로운 세상을 만드는 데 어떤 역할을 하는지 인식하게 될 것이다. 에코-얼라이브 농업은 우리 모두가 함께 참여하고 노력해야 할 미래의 농업이다. 이 책이 당신에게 에코-얼라이브 농업의 중요성을 일깨우고 함께 이 놀라운 변화를 만들어 나가는 동반자가 되는 데 도움이 되기를 바란다.

세상은 현재 황폐화된 땅의 아우성 속에서 우리의 식탁까지 위협하고 있다. 그리하여 친환경Environment-friendly 정책과 운동이 전세계적으로 불꽃처럼 번졌다. 다분히 인간 외에는 생명이 없는 무생물인 양 은연 중에 익숙해졌고 생태생명의 관점이 되어야 할 생태친화Eco-friendly 용어까지 혼용하여 친환경이라고 관습적으로 써오고 있다.

따라서 친환경이라고 관념화된 Eco-friendly 대신 생태친화를 넘어서는 새로운 개념의 '생태 살리기'라는 보다 적극적인 용어 에코-얼라이브Eco-Alive가 태동해 통용되고 있다. '에코-얼라이브 농업'이라는 새로운 생태농업 기술은 우리에게 한 줄기 빛과도 같다. 단순한 기술적 혁신을 넘어 자연 생태와의 조화와 인간의 공존을 추구하는 새로운 농업 철학으로서 에코-얼라이브 농업은 환경 보호, 식량 안보, 건강한 식생활, 인류의 삶의 질 개선 등 다양한 측면에서 지속 가능한 미래를 위한 해결책을 제시한다.

2
생태의 시대
Die Ära der Ökologie

우리가 살아가고 있는 지구라는 이 아름다운 행성은 오랜 세월 동안 변화와 적응의 연속선 위에 서 있다. 인류의 발자취가 이 땅에 새겨진 순간부터 우리는 자연과 함께 호흡하며 살아왔다. 하지만 시간이 흐르며 우리의 발걸음은 때때로 자연의 리듬을 교란시키고 그 소중한 균형을 위협하기 시작했다. 이제 우리는 새로운 전환점에 서 있다. '생태의 시대'에서 우리는 자연과의 조화를 회복하고 지속 가능한 미래를 위한 새로운 길을 찾아야 한다. 이 중심에 서 있는 것이 바로 에코-얼라이브 시스템이다.

에코-얼라이브 시스템은 뒷장에서 설명하겠지만 단순히 생태친화적인 방법을 넘어서 우리가 자연과 상호작용하는 방식을 근본적으로 변화시키고 있다. 이 시스템은 자연의 원리를 깊이 이해하고 그 지혜를 우리의 생활과 산업에 통합함으로써 지속 가능성을 새로운 차원으로 끌어올리고 있다. 우리가 직면한 환경적 도전을 해결하는 것뿐만 아니라 경제적, 사회적 번영을 지속 가능한 방식으로 이끌어가는 핵심 열쇠가 되고 있다.

[에코-얼라이브 포도농장 전경]
한 가지 한 꽃눈에 1~2송이 관행에서 2~4송이를 동시에 거뜬히 익혀 일시에 수확
할 수 있는 불가사의 농법 사례

에코-얼라이브 시스템의 아름다움은 그것이 단지 기술적 혁신에
만 국한되지 않는다는 데 있다. 이것은 인간이 자연의 일부로서 존
재한다는 근본적인 인식을 바탕으로 한다. 우리가 토양을 가꾸고,
물을 아끼며, 공기를 깨끗하게 하는 모든 행동은 우리 자신의 건강
과 복지를 위한 것임과 동시에 후속 세대를 위한 사랑의 행위이다.
에코-얼라이브 시스템은 우리 모두에게 중요한 메시지를 전달한다.
진정한 혁신은 자연에서 영감을 받고 자연과의 깊은 연결을 통해 이
루어진다는 것이다. 이 책의 한 페이지, 한 페이지가 여러분에게 자
연과 더 깊은 대화를 나눌 수 있는 영감을 제공하기를 바란다. 우리
모두가 참여하는 이 큰 여정에서 에코-얼라이브 시스템은 우리가 앞

으로 나아가야 할 방향을 밝혀주는 등대와 같다.

2022년에 번역된 『생태의 시대』의 저자 요아힘 라트카우의 시각에서 볼 때 『그린하다』라는 이 책은 글로벌과 로컬, 즉 '글로컬Glocal'의 관점에서 현실화되는 지속 가능한 농업과 생태 시스템의 중요성을 강조하는 데 중요한 역할을 할 것이다. 그가 금과옥조로 여기는 "글로벌하게 생각하고 로컬하게 행동하라"에 의하면 사실에 기초한 경험적 연구보다 이론이 훨씬 더 많다는 현실 지적에 극히 공감한다.

라트카우는 자연과 인간의 상호작용을 깊이 탐구하며 지역적 특성과 글로벌 환경 문제를 연결 지으려는 노력의 중요성을 인식한다. 이러한 관점에서 '그린하다'는 지역적 실천을 통한 글로벌 변화 촉진, 다양한 생태계의 이해와 보존, 지속 가능한 기술의 적용과 혁신, 교육과 공동체 의식의 강화 그리고 정책과 거버넌스에 대한 영향을 포괄적으로 다루면서 글로컬하게 현실화에 기여할 수 있다. 이 책은 지역적 행동이 글로벌 변화를 이끌 수 있음을 보여주며 우리 모두가 지속 가능한 생태 시대의 일원이 될 수 있음을 상기시킬 것이다.

3
시스템 생물학
Systems Biology

  시스템이라는 용어는 우리의 일상과 과학적 연구 모두에서 광범위하게 사용되는 개념으로 그 의미는 적용되는 맥락에 따라 다양하게 해석될 수 있다. 이 개념은 서로 상호작용하거나 상호 연결된 구성요소들의 집합을 의미하는 것에서부터 특정 목적을 달성하기 위해 상호 연결되어 작동하는 기계나 장치의 집합까지 포함한다. 특히 생물학적 맥락에서 시스템의 개념은 생명체 내의 상호 연결된 기관이나 과정들의 네트워크로 이해되며, 이는 호흡계, 순환계와 같은 생명유지 시스템을 포함한다.

  시스템 생물학은 이러한 생물학적 시스템을 통합적으로 이해하기 위한 학문 분야로 개별적인 생물학적 요소들이 어떻게 서로 상호작용하여 더 큰 시스템을 형성하고 이 시스템들이 어떻게 기능하는지를 연구한다. 이 분야는 유전자, 단백질, 세포, 조직, 생물체, 생태계와 같은 다양한 수준에서 생명 현상을 분석하며, 이러한 복잡한 시스템의 이해를 통해 생명 과학의 새로운 지평을 열어가고 있다.

  최근 출간된 『생물학의 쓸모』는 시스템 생물학Systems Biology의 중요성을 대중에게 알리고 있다. 이 책은 생물학이 현대 사회의 다양한 문제를 해결하고, 미래를 예측하며, 새로운 기술과 치료법을 개발하는 데 어떻게 일조하는지를 설명한다. 이를 통해 독자들은 생물학적 지식이 단순한 학문적 이해를 넘어서 우리 삶과 밀접하게 연관되어 있음을 이해하게 된다.

생명체, 또는 유기체라는 개념은 생물을 호흡기, 소화기, 순환기와 같은 다양한 조직의 집합체로 보는 시각을 반영한다. 이러한 조직은 더 작은 단위인 세포로 분리될 수 있으며 이 모든 구성요소들이 함께 통합되어 하나의 생명시스템을 형성한다. 생명시스템이라는 용어는 생물이 단순히 기관의 집합체를 넘어서 복잡한 상호작용과 과정들을 통해 생명을 유지하는 복합체임을 강조한다.

시스템 생물학과 생명시스템의 개념은 우리가 자연과 생명을 이해하는 방식에 근본적인 변화를 가져왔다. 이러한 접근 방식은 생명 현상을 단편적으로 보는 것이 아니라 전체적인 관점에서 복잡한 생명 과정과 상호작용을 이해하려는 시도이다. 이를 통해 우리는 생명의 본질과 다양한 생명 현상에 대한 더 깊은 이해를 얻을 수 있으며 이 지식을 바탕으로 인류의 건강과 복지를 증진시키는 새로운 방법을 모색할 수 있다.

시스템 생물학의 전개와 그것이 농업에 가져온 혁신적인 변화는 현대 생물학 및 농업 기술 발전의 근간을 이루고 있다. 이 학문의 주요 목표는 복잡한 생명체 내에서 일어나는 다양한 생물학적 상호작용을 깊이 이해하고 이를 통해 생명 현상을 조절하는 기본 원리를 밝혀내는 것이다. 이 과정에서 개발된 모델링과 분석 기법은 농업에

[질소순환과 미생물]

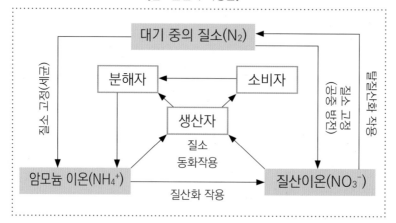

[미생물 효모의 능력 강조]

1/10,000(1㎛) 크기 미생물

10^{12}개
주사위

총 부피는 같지만
표면적은 10,000배 크다

500kg 소 1마리/24시간 동안 약 0.5kg
단백질 생성 = 500kg 효모는 50,000kg
이상 단백질 형성. 즉, 1/100,000
효모 5g이면 소 한 마리 능력과 동일
*대사능력: 미생물 5g = 소 500kg

· 유도 효소(Induced enzyme)
세포 내 조절기작(Regulation mechanism) 미생물은 항상 모든 효소를 보유
할 수 없고 세포의 주변 환경에서 필요한 영양소를 접할 때만 소화효소 생성함.

서의 적용을 통해 작물의 생산성 향상, 질병 관리, 환경 스트레스에 대한 저항성 등을 개선하고 있다. 시스템 생물학은 복잡한 생물학적 네트워크를 통합적으로 이해하려는 시도에서 출발하며, 이는 생명 과학 데이터의 다차원적 분석을 가능하게 함으로써 생명체의 복잡한 행동과 반응을 예측할 수 있는 토대를 마련한다.

시스템 생물학의 접근 방식은 생물학적 시스템의 다층적 구조를 이해하는 데 중점을 둔다. 세포 하나하나의 기능에서부터 세포 간의 상호작용 그리고 이러한 상호작용이 조직, 기관, 생물체 전체에 어떠한 영향을 미치는지에 이르기까지 생명 현상의 모든 단계를 포괄한다. 이러한 방식은 인간의 건강은 물론 농업에서 중요한 작물의 성장 및 개발 메커니즘에 대한 깊은 이해를 가능하게 한다. 더 나아가 시스템 생물학은 환경 변화에 대한 생물체의 반응을 이해하고 이를 기반으로 지속 가능한 농업 전략을 개발하는 데 필수적인 통찰력을 보여준다.

시스템 생물학의 기술과 원리를 농업에 적용함으로써 우리는 작물의 생산성을 향상시킬 뿐만 아니라 식물 보호 전략을 최적화하고 농업 생태계와 환경 사이의 균형을 유지할 수 있는 방법을 찾을 수 있다. 이를 통해 인류는 안정된 식량 생산 시스템을 구축하고, 생물학적 다양성을 보존하며, 농업이 직면한 여러 도전에 효과적으로 대응할 수 있는 기반을 닦을 수 있을 것이다. 시스템 생물학과 농업의 지속적인 융합과 발전은 미래 식량 안보와 지구 환경 보호를 위한 중요한 열쇠가 될 것이며, 이는 모든 생명체의 지속 가능한 공존을 위한 길을 제시할 것이다.

4
신 개념 비료시스템
Fertilizer System

농업 분야에서의 신 개념 '비료시스템'은 기존의 비료 사용 방식을 획기적으로 변화시키고 있다. 이 혁신적인 접근 방식은 생명과학의 첨단 기술과 생태학적 원리를 결합하여 농작물에 필요한 영양소를 맞춤형으로, 그리고 지속 가능한 방식으로 공급하는 것이 목표다. 이 시스템은 단순히 식물에 영양을 공급하는 것을 넘어서 농작물의 성장 단계, 토양의 상태, 영양과 환경적 요인들을 종합적으로 고려하여 최적의 성장 환경을 조성한다. 이는 비료의 사용량을 최적화하고, 농작물의 수확량과 품질을 향상시킬 수 있으며, 환경도 보호할 수 있다.

종래의 비료 개념은 토지 생산력을 높여서 식물이 잘 자라나도록 뿌려 주는 영양 물질을 가리킨다. 거름이라고도 하고, 토지를 기름지게 하고 초목의 생육을 촉진하는 것의 총칭이다. 비료의 종류는 퇴구비 등의 천연비료와 화학비료 및 유기질비료가 있다. 주로 물리적, 화학적 물질을 사용해 왔으며 최근에 유익균^{EM} 수를 기준으로 미생물 비료가 등장했다. 그러나 이러한 전통적인 비료는 토양 생태

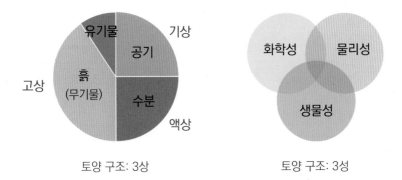

토양 구조: 3상   토양 구조: 3성

생명을 도외시한 20세기적 접근방식으로 많은 한계점과 문제점을 야기해 오고 있다.

신 개념 비료시스템은 다양한 구성 요소를 포함하는데 그 중에서도 생물학적 비료의 활용이 중요한 역할을 한다. 이는 유익한 미생물과 최소한의 유무기물을 활용하여 토양의 건강을 개선하고 식물의 영양 흡수 능력을 증진시키는 방법이다. 위 그림에서 보듯이 토양 구조의 3상相(고상, 액상, 기상) 외에도 3성性(물리성, 화학성, 생물성)에 가장 안정적인 역할을 하는 비료시스템은 농업의 지속 가능성을 확보하고, 환경에 대한 부담을 줄이며, 식물의 건강한 성장을 촉진한다. 더불어 지능형의 맞춤식 비료 제제를 통해 농작물의 종류, 성장 단계, 토양의 조건에 따라 최적의 영양소 공급이 가능해진다.

이 비료시스템의 핵심은 첨단 생명과학 융합농업 기술의 적용이다. 인류의 암, 코로나, 에이즈 등 현대 질병이나 환경 오염 문제를 해결하기 위해 개발된 금세기 최후의 고급 미생물 기술이 생태농업 구현을 위해 접목된 것이다. 기존의 물리·화학적인 방식을 넘어서

Eco-alive Fertiliser System

생태친화 비료시스템은

A. ≥ 복합화학비료. NPK
   증수
   품질 향상
   강건한 작물
   조기 숙성

B. BUT 오염 無
   – 非수용성 N, P&K

C. 지속가능농사
   – 자원 선순환

[에코-얼라이브 비료시스템 특성]

비료시스템에 탑재된 미생물과 식물이 지능적으로 상리공생相利共生, Mutualism 하게 만드는 첨단 생명과학 기술을 활용한다. 이를 통해 농작물에 필요한 양의 영양소를 적기적량適期適量으로 생성·공급하며 작물의 생육에 필요한 기본 3대 영양분과 에너지 등을 최적의 타이밍에 공급해서 작물의 건강한 성장을 지원한다.

왼쪽의 [에코-얼라이브 비료시스템 특성] 표에 요약된 바와 같이 단순 비료의 개념을 타파한 비료시스템은 생태친화적으로 작동되는 지능형 시스템 비료로 종래의 복합화학비료에 대비해서 3대 영양소인 질소^N, 인산^P, 칼륨^{K}을 같거나 그 이상 공급하는 체계이다. 시스템이 작동되면 작물이 건강하게 자라 수확이 증가되고 품질이 향상되며 조기 수확이 가능해진다. 그러나 수용성 NPK에 의존하지 않은 유기물로 조성되어 오염을 유발하지 않기에 지속 가능한 농사로 자원 선순환을 달성할 수 있다.

신 개념 비료시스템의 실제 적용사례는 이러한 기술의 확산 가능성을 보여준다. 유용한 미생물을 활용한 이 시스템은 농업 분야에서 지속 가능한 혁신을 도모하며 환경적, 경제적 이익을 동시에 추구한다. 토양과 농작물의 건강을 증진하여 살아있는 먹거리의 안정적인 증산을 도모하고, 환경오염을 줄이며, 농민들에게 경제적 이익을 제공하는 등 다방면에서 긍정적인 영향을 미친다.

이 비료시스템은 농업의 지속 가능한 미래를 위한 중요한 발걸음으로 기술과 자연이 조화를 이루는 새로운 농업 모델을 제시한다. 첨단 기술과 생태친화적인 비료 사용을 통해 농업이라는 고대의 산업을 혁신적으로 변화시키며 지속 가능한 미래를 향한 약속을 실현해 나가고 있다. 신 개념 비료시스템의 도입은 현대 농업에 있어서 중요한 전환점을 의미한다. 이러한 접근 방식은 농업 효율성을 향상시키는 동시에 환경적 발자국을 최소화하며 사회가 직면한 다양한 도전을 해결하는 데 기여할 수 있다.

환경 보호와 자원 보존 측면에서도 신 개념 비료시스템은 중요한 역할을 한다. 전통적인 비료 사용 방식에서 발생할 수 있는 토양 및 수질 오염 문제를 해결하고 영양소의 과도한 사용을 방지함으로써 자연 생태계를 보호하기 때문이다. 이는 농업이 환경에 미치는 영향을 줄이는 동시에 지구의 생물 다양성을 증진시키는 효과를 가져온다.

이 시스템의 성공적인 적용을 위해서는 농민, 연구자, 정책 입안자 등 다양한 이해관계자의 협력이 필요하다. 농민들에게는 신 개념 비료시스템의 원리와 실천 방법에 대한 교육과 훈련이 제공되어야 하며 연구자들은 이 시스템의 효과를 지속적으로 개선하고 최적화하기 위한 연구를 수행해야 한다. 또한 정책 입안자들은 이러한 지속 가능한 농업 실천을 장려하고 지원하기 위한 정책과 프로그램을 개발하고 타산업처럼 일선산업의 선도기술을 발굴 후 검증하고 채택해서라도 적극 시행해야 한다.

결론적으로 신 개념 비료시스템은 지구와 인류에게 지속 가능한 미래를 제공하기 위해 우리가 노력해야 하는 핵심적인 요소이다. 이 시스템의 도입과 발전은 농업이 당면한 환경적, 사회적, 경제적 도전을 극복하고 농업의 지속 가능한 발전을 이끌어 갈 것이다. 이를 통해 우리는 더 건강한 식량 생산, 환경 보호, 모든 생명체의 조화로운 공존이라는 공동의 목표를 달성할 수 있을 것이다.

5

스마트 방출 메커니즘
Smart Release Mechanism

농업 분야에서의 스마트 방출 메커니즘은 기술의 진보가 어떻게 지속 가능한 식량 생산과 토양 건강 유지에 도움이 될 수 있는지를 보여준다. 이 혁신적인 접근 방식은 식물의 성장 단계와 토양 조건을 지능적으로 작동하여 필요한 영양소를 정확한 시기에 공급한다. 이는 과거의 일괄적이고 때로는 비효율적이었던 비료 사용 방법을 대체하는 스마트한 방법으로 농업 부산물의 퇴비화 및 비료화를 통해 생산성을 높이는 동시에 환경 보호에도 기여한다.

스마트 방출 메커니즘의 핵심은 모든 작물의 생육에 필요한 기본 3대 영양분(질소^N, 인산^P, 칼륨^K, 이하 NPK)을 작기당 최장 180일간 균형 있게 공급하는 것이다. 작물의 생육기간에 강건한 근권체계를 만들어서 질병에 대한 내성을 키우고 이로써 빠른 성장(조기 수확), 증수 및 영양분 밸런스가 맞는 건강하고 우수한 품질을 만든다. 더불어 환경부하나 오염 없이 토양조건을 한층 개선하는 효과를 가져온다. 또한 이 비료시스템은 왕성하게 활동하는 미생물들이 연속 시비 필요성을 줄여 화학비료나 친환경 농법과 비교했을 때 전체 사

(좌) 에코-얼라이브	(우) 관행농법	(좌) 에코-얼라이브	(우) 관행농법
퇴비 3포+ALIVE 12kg	퇴비 20포	평균 수확량	평균 수확량
총 72kg	총 400kg	18kg/평	16kg/평

용량을 질량 기준으로 최소 1/2~1/10 투입, 최대 90%를 경감시키는 효과를 가져다준다.

위 도표는 관행농법의 경우 농가의 관례대로 50평당 퇴비 400kg을 투입하고 에코-얼라이브 농법은 동일한 퇴비 60kg과 기능성 효모 미생물이 접목된 12kg을 혼용, 총 72kg을 투입한 실 사례이다. 유기물 투입량 기준으로 82% 감량의 약 18% 시비한 결과 생육기 작황에서 뚜렷한 차이를 관찰할 수 있었고, 수확량에서도 상품성은 물론 생산성도 약 12.5% 수확 증가로 유이성 차이를 확인할 수 있어서 시사하는 바가 매우 크다.

제품의 작동 원리는 토양에 시비 후 물에 의해 휴면 상태의 특수 효모가 폭넓은 조건에서 즉시 활동을 하게 된다. 이들은 작물의 생육에 필요한 NPK를 공급하고자 공기로부터 질소를 고정하고^{화학환원} ^{과정에 의한 질소고정}토양으로부터 질소, 인산과 칼륨을 분해할 뿐만 아니라

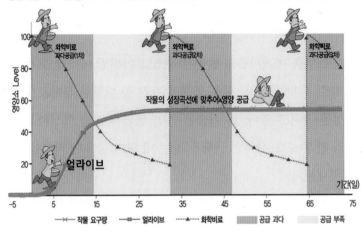

[화학비료와 에코-얼라이브의 영양 공급]

천연자원 리사이클링으로 지속가능영농 실현 (작기당 1회 시비로 4~6개월 까지 지속효과)

이 미생물들은 오로지 작물 요구에 따라 적기적량 NPK를 생산 및 공급한다. 따라서 작물에게 영양분을 과다하게 혹은 부족하게 공급 하지 않으며 화학비료가 아니기 때문에 극히 미미한 용탈이 발생하나 이 또한 모두 유기물이기에 환경 오염이 전혀 없으므로 이러한 유기적 순수성에 입각한 관점에서 볼 때 이 제품은 진정한 유기적 비료시스템이다.

이러한 접근 방식은 농업 생산성을 향상시키는 것은 물론 토양의 유기물 함량을 증가시키고 토양 침식과 물 및 공기 오염을 방지하는 등 환경적 지속 가능성을 강화한다.

스마트 방출 메커니즘은 토양과 식물의 건강에 직접적인 영향을 미치는 데 그치지 않고 농민과 소비자에게도 다양한 이점을 제공한다. 농민에게는 비용 절감과 수확량 증가를 통한 경제적 이익을, 소비자에게는 더 건강하고 영양가 높은 식품의 접근성을 보장한다. 또한 환경에 미치는 부담을 줄임으로써 지구 전체의 지속 가능한 미래를 위한 긍정적인 기여를 한다.

스마트 방출 메커니즘의 발전은 농업 분야뿐만 아니라 도시 녹화 프로젝트, 복원 생태학, 식품 공급망 관리 등 다양한 분야로 확장될 가능성을 가지고 있다. 이 기술은 농업 생산 과정을 혁신하고 식량 안보와 환경 보호 사이의 균형을 찾는 데 있어 중요한 역할을 할 것으로 기대된다.

이처럼 스마트 방출 메커니즘은 토양 생태와 농업 생산 사이의 균형을 유지하며 식물의 건강을 증진시키는 지속 가능한 농법의 한 예로서 미래 농업의 혁신적인 발전을 이끄는 기술로 자리매김하고 있다. 이 기술은 지구의 지속 가능한 미래를 위한 중요한 발걸음으로 기술과 자연이 조화를 이루는 미래 농업의 모델을 제시한다.

결론적으로 지구의 건강을 보호하고 농업의 지속 가능한 미래를 보장하는 데 핵심적인 역할을 하며 모든 생명체가 조화롭게 공존할 수 있는 환경을 조성하는 데 도움이 될 것이다.

6
스마트팜 vs 스마트파밍
Smart Farming

 스마트팜과 스마트파밍은 현대 농업에서 기술의 중요성을 강조하면서 농업의 디지털화와 자동화를 통해 생산성을 높이고 지속 가능성을 향상시키려는 노력을 대표한다. 이들은 농업을 둘러싼 다양한 기술적 혁신을 활용하여 농장 관리의 효율성을 극대화하고 농업 생산과정을 전반적으로 최적화하려는 목적을 가진다. 스마트팜은 주로 농장 내에서의 기술 활용에 중점을 두는 반면 스마트파밍은 더 넓은 범위에서 농업 생산, 특히 농사 과정 전체를 지능화하려는 광범위한 접근 방식을 취한다.

 스마트팜의 구현은 IoT 기기, 센서, 드론, 인공지능, 빅데이터와 같은 최신 기술들을 통해 이루어진다. 이 기술들은 작물의 성장 환경을 실시간으로 모니터링하고 데이터 기반의 의사결정을 가능하게 하여 농장 운영의 자동화와 정밀화를 실현한다. 이는 물리적 자원의 사용을 최적화하고, 작물 수확량을 극대화하며, 경제적 및 환경적 이익을 동시에 추구한다. 스마트팜 기술의 도입은 농장 관리를 획기적으로 변화시키며 농업의 미래를 재정의한다. 그러나 주지해

[바이오 피드백 메커니즘]

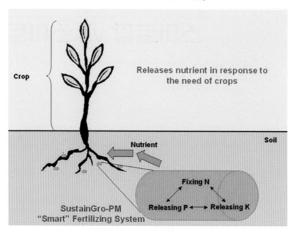

야 할 사안은 타 산업의 신 문물인 하드웨어 적용으로 인해 작물의 근본적인 영양원으로 화학합성제 의존이 더 커지고 있는 사실이 간과되고 있다는 점이다.

반면 스마트파밍은 농업 생산 과정 전반에 걸친 지능화를 목표로 한다. 식물자원 환경인 토양의 생태 안정화 구축뿐만 아니라 작기 중 농작물의 생물적 요구에 대한 적극적인 바이오 기술 적용을 포함한다. 스마트파밍은 위 그림에서 보듯이 식물과 미생물, 즉 생물 간 상호작용을 하는 바이오 피드백 메커니즘Bio-feedback Mechanism을 이용해 농업 생산성을 높이는 것을 넘어서 농업이 직면한 글로벌 도전 과제에 대응하는 방법을 모색한다. 기후 변화, 인구 증가, 식량 안보 문제 등을 해결하기 위한 혁신적인 접근 방식을 제공하며 지속 가능한 농업생태계 발전을 위한 기반을 마련한다.

스마트팜과 스마트파밍의 발전은 농업에 대한 새로운 시각을 열어

주며 기술이 어떻게 지능적으로 농업을 실현할 수 있는지를 보여준다. 이러한 접근 방식은 농업 생산성의 향상뿐만 아니라 환경적 편의성의 개선과 글로벌 식량 안보도 강화할 수 있다. 또한 기술의 발전과 함께 지속적으로 진화하고 있는 스마트팜과 스마트파밍은 농업 분야에 혁신을 가져오며 농업 생산자와 소비자 모두에게 새로운 기회를 준다. 이러한 기술적 접근은 농업의 미래를 형성하는 중요한 요소가 되며 지속 가능한 발전을 위한 농업의 전환을 가속화한다.

한편으로는 ICT 등 타 산업의 첨단기술에 의존하는 농장의 스마트화 못지않게 그 이상의 의지로 농업의 본류인 농사와 농사기술의 스마트화에 좀 더 깊이 있는 연구가 요원하기에 21세기에 걸맞은 선도기술을 서둘러 채택해 유관산업의 기초산업으로서의 위상을 공고히 해야 할 것이다.

7
생태친화 에코-얼라이브 시스템 농업

생태친화적인 에코-얼라이브 시스템 농업은 우리가 직면한 환경적, 경제적, 사회적 도전에 대응하기 위해 지속 가능한 농업 방식의 혁신을 의미한다. 이는 단순히 수확량을 극대화하는 전통적인 농법을 넘어서 생태계의 건강과 다양성을 최우선으로 고려하며 자연 생태자원을 효율적으로 활용하여 장기적인 지속 가능성을 달성하는 것을 목표로 한다. 에코-얼라이브 시스템 농업은 토양의 건강을 보전하고, 생물 다양성을 증진시키며, 자연 자원을 효율적으로 사용하여 장기적인 지속 가능성을 달성하려는 목표를 가지고 있다.

다음 표에서 정리한 바와 같이 전통적인 관행농법은 물리화학적인 비료로 한계성을 띄고 있는 반면 신 개념의 비료 시스템은 첨단 생명과학 기반의 생태친화적인 농업을 견인한다.

우리나라는 1980년대부터 농경지에 화학비료는 물론 가축분 퇴비를 많이 살포해 왔다. OECD 회원국 중 단연 1위다. 화학비료 못지않게 가축분 퇴비를 과다하게 사용하여 땅과 작물이 소화해 낼 수 있는 정도를 넘어서면 토양의 염류집적은 물론 물과 토양을 오염시

[관행농업과 에코-얼라이브 시스템 농업 차이]

	전통적 관행농업	에코-얼라이브 시스템 농업
기반 기술	전통 농화학農化學 기술	첨단 생명과학生命科學 융합기술
주요 조성물	• 화학합성물 위주 비료성분 함유물	• 부산물By-product 유기물 + 첨단 BT 접목
차이점	• 물리·화학적 질량 위주	• 바이오BT 기능 중시
	• 함유 양분에 의한 관리	• 함유 양분 + 양분 생성 능력
	• 불균형 양분 공급 및 흡수	• 균형 양분 공급 및 흡수 (스마트 기작)
	• 화학비료 100% (친환경 〈 80%) 한계	• 화학비료 100% 〈 한계 초월 (+α)
	• 고투입-저효익 → 비윤리적 생산/소비	• 저투입-고효익 → 착한 생산/소비
	• 토양/수자원오염 등 환경부하 가중	• 토양/수자원 오염원 제거 및 복원 기능
	• 불특정 농산물 → 비차별 상품성	• 균질의 고품격 농산물 → 고부가 브랜드
기술 특성	단순 '비료' & 인위적 공급	신 개념 '비료 시스템' & 스마트 기능

킨다. 농작물에는 질산염 집적 문제를 일으키고 과잉 인산은 토양 속의 미네랄과 결합하여 축적되고 결국 땅을 굳게 만든다. 가축분 퇴비는 보통의 작물이 필요로 하는 양분을 모두 갖고 있다는 장점이 있지만 가용할 수 있는 능력이 부족했던 것이 사실이다.

전통적인 농업 방식이 초래한 환경 파괴, 자원 고갈, 생태계 균형의 붕괴 등의 문제를 해결하기 위해 에코-얼라이브 시스템 농업은 지구와 인류 및 생명체들이 공존할 수 있는 농업 방식을 모색한다. 땅에 집적된 유기물이나 투여되는 폐자원의 자원화에 탁월한 기능을 지닌 것이 에코-얼라이브 시스템의 특장점이다. 이를 통해 토양의 건강을 보전하고, 생물 다양성을 증진시키며, 자연 생태자원을 효율적으로 사용하는 방식이 통용되고 있다. 이러한 접근 방식은 식량 생산 과정 전반에 걸쳐 환경적 영향을 최소화하고 사회적, 경제적 가치를 증대시키는 효과를 기할 수 있다.

다음 표에서 볼 수 있듯이 화학비료와 유기질비료 기반의 관행농업은 각각 생산성과 환경성에 치우치다 보니 생태적 환경과 먹거리에 대해 전반적인 안정성과 균형이 많이 떨어진다. 왜 친환경과 생태친화를 넘어 생태계 생명을 중시하는 에코-얼라이브가 이 시대에 절실히 재조명 받고 부상하는지 그 이유가 여기에 있다. 20세기까지 산업화의 발달에 따라 보였던 물리·화학적인 면은 특히 농업 분야에 좌지우지한 결과의 반증이기도 하다.

에코-얼라이브 시스템 농업의 실천은 다양한 방안을 통해 이루어진다. 토양 건강의 보전에서 시작하여 수자원 보호, 물 자원의 효율적 사용, 생물 다종·다양성의 증진, 재생 가능 에너지의 업사이클 Up-cycle, 새활용, 지역 사회와의 협력에 이르기까지 모든 단계에서 지속 가능한 농업 실천을 위한 노력이 필요하다. 이러한 실천을 통해 에코-얼라이브 시스템 농업은 생태환경 보호, 식량안보 강화, 경제적 지속 가능성 그리고 사회적 혜택을 도모한다.

에코-얼라이브 시스템 농업의 성공적인 실천을 위해서는 교육과 인식의 제고, 정책과 규제의 지원, 기술과 혁신의 적용, 커뮤니티와

[관행재배와 생태친화 에코-얼라이브의 효과 비교]

비교항목	화학비료	에코-얼라이브	유기질비료/퇴비
수확량	100%	100% + ∝	60~80%
작물 품질 →차별성	인위적(♠)	천연(♠♠♠)	천연(♠♠)
안전성	??	안전	?
수익	$$$	$$$$	$$
토양개선	X	√√√	√√
환경효과	심각한 오염	지속 가능 발전	친환경적
총 경영비	₩₩	₩~₩₩	₩₩

의 협력이 중요하다. 소비자와 농민 모두에게 지속 가능한 농업의 중요성을 알리고 정부와 국제기구의 지원을 통해 에코-얼라이브 시스템 농업을 장려하며 첨단 기술과 친환경적인 비료시스템 사용을 통해 농업의 미래를 새로운 차원으로 이끌어갈 수 있다.

에코-얼라이브 시스템 농업은 단순한 농법이 아닌, 지속 가능한 미래로 나아가는 우리의 약속이며 건강한 지구와 안정적인 식량 공급, 지속 가능한 사회를 만들어 가는 데 필수적인 접근 방식이다. 우리 모두가 에코-얼라이브 시스템 농업의 원칙을 실천함으로써 건강한 지구와 지속 가능한 농업의 미래를 함께 만들어 갈 수 있다.

8
에코-얼라이브 시스템 농업으로의
성공적인 전환

새로운 에코-얼라이브 시스템 농업으로의 전환은 지속 가능 농업 방식에 대한 혁신적인 접근이다. 시대적으로 생산성 위주의 화학 농법의 많은 문제점을 인식하고 퇴비와 유기 농법으로 자연 친화 및 웰빙 개념을 통해 이를 해결하고자 노력해 온 점은 높이 살 만하다. 그러나 높은 차원의 사고 전환은 지속 가능 방식의 퇴비와 유기질비료 및 자연농법에 머무는 것이 아닌 생태적 접근방식의 지속 가능 발전이라는 시대의 화두로 도약해야 한다.

이는 단순한 기술적 변화를 넘어 생태계와의 조화를 중심으로 한 근본적인 농업의 패러다임 전환을 의미한다. 에코-얼라이브 농업은 자연 자원의 효율적 사용, 생물 다양성의 보호, 환경 오염의 최소화를 목표로 하며 농업이 지구의 다른 생명체와 어우러져 지속 가능한 방식으로 발전할 수 있도록 한다.

이러한 전환은 전통적 농업 방식이 초래한 환경 파괴, 자원 고갈, 생태계 균형의 붕괴 등의 문제에 대한 해결책으로 제시된다. 지속

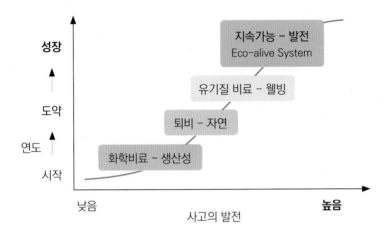

[지속 가능 발전의 에코-얼라이브 시스템]

가능한 농업 패러다임으로의 전환은 긴급하고도 필수적인 과제이다. 에코-얼라이브 시스템 농업으로의 전환 과정은 다양한 도전을 포함한다. 이러한 도전은 기존의 농법과 시스템에서 새로운 방식을 도입하는 데 있어 시간과 비용, 노력이 필요하며 소비자 인식의 변화, 정책 및 규제의 지원, 지속 가능한 기술과 방법의 개발과 적용이 필요하다.

교육과 인식 제고는 지속 가능한 농업의 중요성과 생태계와의 조화, 자연 자원의 보존에 대한 인식을 널리 알리는 것에서 출발한다. 정부와 국제기구의 정책과 규제는 지속 가능한 농업 관행을 장려하고 지원하는 데 중요한 역할을 하며 지속 가능한 농업 기술과 혁신적인 기술의 적용은 에코-얼라이브 농업의 핵심이다.

지속 가능한 농업을 위해서 농민들, 연구기관, 정부, 비정부 기구, 국제기구 등 다양한 이해관계자가 지역 커뮤니티와의 협력을 통해 네트워크를 구축하고 지식과 경험을 공유하는 일이 중요하다. 또한, 에코-얼라이브 농업으로 생산된 제품에 대한 시장을 개발하고 확장하는 것도 중요하다. 친환경적인 제품에 대한 소비자의 인식을 높이고 지속 가능한 농업 제품에 대한 수요를 창출하기 위한 마케팅 전략이 필요하다.

이러한 전환은 지속 가능한 미래를 위한 장기적인 비전과 노력을 요구하는 과정이며 다양한 전략을 통해 점진적으로 진행되어야 한다. 이 과정에서 교육, 정책, 기술, 협력, 시장 개발과 같은 다양한 요소가 복합적으로 작용하여 전환을 가능하게 한다. 에코-얼라이브 농업으로의 성공적인 전환은 지구와 인류에게 지속 가능한 농업의 미래를 제공할 수 있을 것이다. 이는 단순히 더 많은 수확을 위한 노력이 아니라 인류와 지구 전체의 건강과 웰빙을 위한 접근 방식을 의미한다. 그러므로 모든 이해관계자는 이러한 전환을 지원하고 촉진하기 위한 책임을 공유하며 함께 노력해야 한다. 지속 가능한 미래를 위한 에코-얼라이브 농업의 전환은 우리 모두의 노력과 협력을 통해 실현될 수 있다.

이미 에코-얼라이브 시스템 농업은 지구의 미래를 위해 필수적인 전환을 추구하는 새로운 농업의 지평을 열어가고 있으며 이 혁신적인 농법은 새로운 패러다임 전환을 실천으로 옮기는 데 중요한 역할을 하고 있다.

또한 기후 변화에 대응하는 강력한 수단이 된다. 이러한 생태농법을 통해 탄소 배출을 감소시키고 생물 다양성을 증진함으로써 기후 변화의 부정적 영향을 완화해 오고 있다. 이는 단순히 환경적 측면뿐만 아니라 인간의 건강과 복지에도 직접적인 긍정적 영향을 미친다. 지속 가능한 생태농법은 건강하고 영양가 높은 먹거리를 생산하며 이는 인류의 건강한 삶의 질 향상에도 기여한다.

따라서 에코-얼라이브 시스템 농업은 미래 세대를 위한 유산이다. 지금 우리가 취하는 농업 혁신은 후속 세대에 건강한 지구와 풍부한 자원을 남겨주는 것이다. 이러한 접근 방식은 미래 세대가 지속 가능한 방식으로 지구를 이용하고 관리하는 방법을 배우는 기초를 마련한다.

종합하면 에코-얼라이브 시스템 농업은 단지 농업 기술의 진보를 넘어서 인류와 지구의 미래를 위한 전반적인 생활 방식과 가치관의 전환을 요구한다. 이는 지구와 인류의 건강한 공존을 위한 미래로 나아가는 길을 제시하며 우리 모두가 함께 참여하고 공유해야 할 중요한 미션이 된다. 에코-얼라이브 시스템 농업의 실천은 우리가 지구라는 공동의 집을 어떻게 관리하고 보호할 것인가에 대한 우리의 약속이며, 이는 모든 인류가 함께 나아가야 할 지속 가능한 발전의 핵심 경로이다.

9
21세기 농업의 혁신기술
그린온그린 Green on Green

21세기는 생명과학 기술의 급속한 발전으로 농업 분야에 혁명적인 변화를 가져왔다. 이는 지속 가능한 농업, 정밀 농업, 생태계 기반 농업 관리 및 생물 간 상호작용을 활용한 새로운 융합 기술들을 포함하는 한 차원 높은 그린 생태농업 '그린온그린Green on Green'이라는 개념으로 요약될 수 있다. 이 개념은 과거의 그린워싱Green Washing 문제를 해결하고, 보다 발전된 그린 생태농업 기술로 발전했다. 이러한 혁신은 기후 변화, 인구 증가, 자원 고갈과 같은 현대 농업이 직면한 주요 도전과제에 대응하기 위해 필수적이며, 미래 농업으로의 전환을 촉진하는 데 중요한 역할을 하고 있다.

빅데이터와 인공지능은 대량의 데이터를 분석하여 작물의 성장 패턴, 기후 변화의 영향, 최적의 수확 시기 등을 예측할 수 있다. 인공지능을 활용한 로봇 기술은 농업 작업을 자동화하여 노동 효율성을 향상시킨다. 생물공학은 유전자 변형 작물의 개발, 질병 및 가뭄에 강한 작물의 육종을 통해 농업의 가능성을 확장하고 식량 안보

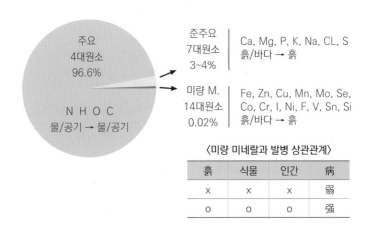

[미량 미네랄]

주요 4대원소 96.6%

N H O C
물/공기 → 물/공기

준주요 7대원소 3~4%
Ca, Mg, P, K, Na, CL, S
흙/바다 → 흙

미량 M. 14대원소 0.02%
Fe, Zn, Cu, Mn, Mo, Se, Co, Cr, I, Ni, F, V, Sn, Si
흙/바다 → 흙

〈미량 미네랄과 발병 상관관계〉

흙	식물	인간	病
X	X	X	弱
O	O	O	强

를 강화한다.

　기술의 발달에 의한 정밀 농업은 위성 이미지, 드론, 센서 기술을 활용하여 농장의 각 부분을 정밀하게 관리하고 최적화하는 농업 관리의 진보적인 접근 방식이다. 이를 통해 농민은 자원을 보다 효율적으로 사용하고, 수확량을 극대화하며, 환경에 미치는 영향을 최소화할 수 있다. 스마트팜 방식의 수직농업은 층층이 쌓인 구조에서 식물을 재배하는 방식으로 도시 내 실내 환경에서도 농업을 가능하게 하고 토지 사용과 물 사용량을 대폭 줄일 수 있다.

　그러나 한 차원 높은 그린온그린 관점에서 우리 사고의 발전을 더해 본다면 스마트팜과 수직농업 방식은 숙고의 여지가 있고 더 많은 연구가 필요한 시점이다. 광의로 보아 지구 행성도 생명체이듯이 그 안의 큰 분포를 이루는 흙, 식물과 동물 및 인간의 구성 성분과 필수 요소가 거의 비슷하다. 실제로, 현대 과학은 사람을 비롯한 생물이

[토양재배 유기물의 중요성과 수경재배 양액 방식의 한계]

유기물에는 60여 종 성분 함유: 맛, 영양, 저장성 큰 차이

성분(배추)	일반	유기	비고
총 식이섬유	0.07%	1.45%	2배
비타민C	32.3mg	64.5mg	2배
클로로필 (항산화물질)	15.5mg	104.6mg	7배
키로티노이트 (항암물질)	18.0mg	35.0mg	2배

수경재배
필수원소17종
(OHC 외 14종)
vs
토경재배
92+22+수백종
동위원소

흙으로 되어 있다는 사실을 분명히 증명하고 있다. 생물체의 모든 원소 구성비는 거의 일정하며, 생물의 종류에 관계없이 유사하다. 위의 도표에서 보듯이 주요 미네랄을 함유했을 시와 그렇지 못할 경우 병에 강하고 그렇지 못하다는 것은 기본이다.

그렇다면 토양 내 유기물의 중요성은 불문가지일 것이고 그 속에 알려진 60여 종의 미네랄이 식물에게 다양한 영양성분을 직간접적으로 전달할 것이다. 더구나 밝혀진 100여 종 원소와 드러나지 않은 수백 종의 동위원소들의 집합체인 건전한 토양생태계에서 우리의 먹거리가 생산되어야 한다는 당위성이 성립된다. 그럼에도 불구하고 문명의 이기를 좇아 10여 종 내외 극소수의 합성화학제 위주 수경재배와 양액 방식의 편이^{便易}농사가 있다. 정도의 차이가 있을지언정 허울 좋은 스마트팜이라는 농업계 그린워싱으로 이를 감쌀 수만은 없지 않을까?

순수한 그린^{Green}이 그린워싱 산업으로 점철되어 은연 중에 오염되

어 왔다면 좋은 뜻의 생태생명의 진정성을 더한 그린온그린으로 녹색 바람을 되살릴 필요가 있다. 한 차원 높은 생태농업 기술은 환경에 부하를 주지 않으면서 오염원을 복원하고 비료시스템과 스마트 메커니즘을 적용하여 차원을 달리 하는 농업을 이끌고 있다. 이러한 접근 방식은 먹거리의 안전과 생태계의 건강을 동시에 고려하며 농업뿐만 아니라 사회 전반에 긍정적인 변화를 가져올 수 있는 잠재력을 지닌다. 따라서 그린온그린 기술은 21세기 농업의 지속 가능한 미래를 위한 핵심 요소로 간주되며 이를 통해 농업의 미래를 재정의하고 지구에 미치는 긍정적인 영향을 더욱 확대하고자 한다.

이러한 21세기 농업의 혁신기술은 지속 가능하고 효율적인 방식으로 식량을 생산하는 데 필수적이며, 전 세계적으로 인구가 증가하고 기후 변화가 심화됨에 따라 이 기술들은 더욱 중요해질 것이다. 그러므로, 우리는 획기적인 신기술들을 적극적으로 활용하여 모두가 누릴 수 있는 미래를 만들어가야 할 책임이 있다. 이는 농업뿐만 아니라 사회 전반에 대한 깊은 인사이트를 제공하고 지속 가능한 발전을 위한 글로벌 노력의 일환으로서 막중한 역할을 할 것이다.

10
에코-얼라이브 농업의 미래 전망

에코-얼라이브 농업은 지구와 그 위에 살아가는 모든 생명체에 대한 깊은 존중과 이해를 기반으로 환경, 사회, 경제의 조화를 중시하는 농업의 새로운 지평을 열고 있다. 이 미래 지향적인 농업 모델은 식량 안보와 생태환경 보호라는 현대 사회가 직면한 양대 난제를 해결하기 위한 혁신적인 방안을 제시하며 우리가 지향해야 할 지속 가능한 미래를 향해 확실한 발걸음을 내딛고 있다.

에코-얼라이브 시스템 농업은 생태계와의 조화, 한정자원의 효율적 사용, 생물 다양성의 증진을 그 핵심 원칙으로 삼고 있다. 이 원칙들은 단순히 식량을 생산하는 것을 넘어서 생태계의 건강을 유지하는 방식으로 먹거리 생산 체계를 운영하는 것을 목표로 한다. 유기 농업, 순환 농업, 정밀 농업, 생태친화 농업 등의 다양한 방법을 적극적으로 도입하여 합성화학비료와 농약의 사용을 최소화하고 자연 그대로의 영양 순환 체계를 이용해 식물의 성장을 촉진하는 동시에 스마트 메커니즘을 활용하여 자원의 낭비를 줄이고 안전한 농산물과 최적의 수확량을 달성할 수 있다.

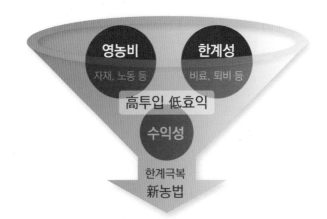

생태환경 보호와 생물 다양성의 증진은 에코-얼라이브 시스템 농업에서 큰 부분을 차지한다. 다양한 생물 종의 보존은 생태계의 균형을 유지하는 데 필수적이며 자연 병해충 방제, 토양 비옥도 증진 등의 다양한 혜택을 제공한다. 이러한 접근 방식은 기후 변화에 대응하는 데에도 중요하며 생물 다양성의 보호와 환경의 건강을 최우선으로 한다.

사회적 책임과 경제적 지속 가능성도 에코-얼라이브 시스템 농업의 중요한 측면이다. 지역 공동체와의 협력을 통해 지역 경제를 활성화하고 공정한 거래 관행을 통해 농민과 소비자의 삶의 질을 향상시키는 것을 목표로 한다. 이는 올곧은 먹거리를 착한 가격으로 공급함으로써 소비자에게도 긍정적인 영향을 미치며 건강하고 안전한 식품에 대한 접근성을 높인다.

미래 지향적 기술의 도입은 에코-얼라이브 시스템 농업을 더욱 효과적이고 지속 가능한 방향으로 이끈다. 첨단 생명과학 기반의 최신 기술은 농작물의 성장을 최적화하고 자원의 효율적 사용을 가능하게 한다. 이러한 기술의 도입은 혁신 농업 모델이 전 세계적으로 확산되는 데 큰 역할을 하며 인구 증가, 기후 변화, 자원 고갈, 생태 파괴 등의 도전에 직면한 현대 사회에서 귀중한 해결책을 제공한다.

에코-얼라이브 시스템 농업의 미래 전망은 매우 밝다. 이러한 생태친화 농업 모델은 다가오는 미래에 더욱 중요한 역할을 하게 될 것이다. '생태Ecology와 생태계Eco-system를 살리자'는 캠페인성 슬로건과 같이 에코-얼라이브 시스템 농업은 지구와 그 위에 살아가는 모든 생명체의 건강과 안녕을 도모하는 지속 가능한 미래의 중심에 서 있다. 이러한 접근 방식은 환경, 사회, 경제의 조화를 추구하며 한 차원 높은 그린 생태사업을 최일선에서 실천한다. 이를 통해 우리는 인류와 지구에게 살아있는 먹거리와 생태계의 먹이사슬을 보호하며 지속 가능한 발전을 위한 글로벌 노력의 일환으로 여겨질 것이다.

11

근현대문명에서 생태문명으로

현대문명에서 생태문명으로의 전환: 지속 가능한 미래를 향한 필수적인 여정

우리가 걸어온 길을 돌아보면, 인류는 근대문명의 발달과 함께 엄청난 기술적, 경제적 성장을 이루었지만 그 과정에서 자연과의 조화를 잃어버렸다. 지난 수십 년 동안 세계는 기후변화, 경제적 불평등, 환경 파괴와 같은 미증유의 위기에 직면해 왔으며, 이는 우리가 지속 가능하지 않은 방식으로 자원을 소비해 온 결과다. 1970년대 오일쇼크는 화석연료에 대한 우리의 의존이 지속될 수 없다는 사실을 경고했음에도 불구하고 세계경제는 근본적인 방향 전환 없이 기존의 길을 되풀이했다. 이제 우리는 순환적 삶의 패턴을 회복하고 지구와 조화를 이루는 생태문명으로의 전환을 모색해야 한다.

생태문명으로의 전환은 단지 환경적인 측면뿐만 아니라 경제적, 사회적, 문화적 측면에서도 근본적인 변화를 요구한다. 지속 가능한 농업과 지역 공동체의 강화, 자연과 인간 사이의 물질적 대사를 원활하게 하는 순환적인 삶의 방식은 이러한 전환의 핵심이다. 농사 Farming, 즉 생태적인 농업 관행은 인간이 자연과 조화롭게 살아가는

Natural propagation, no GMO

방식을 재발견하는 수단이며 토양을 건강하게 가꾸고 보존하는 것은 우리의 생존과 직결된 문제다.

이러한 전환을 실현하기 위해서는 정치적인 의지와 민주주의의 강화도 물론 필요하다. 정치적 의사결정 과정에서 지속 가능한 발전을 우선시하고 환경적, 사회적 책임을 중심에 두는 정책이 수립되어야 한다. 《녹색평론》의 창간자이자 에콜로지 사상 기반의 운동을 해왔던 김종철의 생태사상론집 『근대문명에서 생태문명으로』에서 언급한 호세 무히카 전 우루과이 대통령의 지적처럼 현재 인류가 직면한 위기는 환경 위기를 넘어서 정치의 위기다. 진정한 의미에서 지속 가능한 사회로의 전환은 민주주의를 기반으로 한 합리적이고 공정한 의사결정 과정을 통해서만 가능하다.

이러한 전환은 또한 교육과 공동체 의식의 강화를 통해 가능해진다. 생태문명으로의 이행은 개인과 공동체 모두에게 자연에 대한 깊은 이해와 존중, 지속 가능한 생활 방식을 채택하는 것을 요구한다. 이는 지식의 전달, 의식의 변화 그리고 행동의 변화를 통해 이루어질 수 있다. 교육은 모든 연령대와 사회 계층에 걸쳐 이루어져야 하며 지속 가능한 발전의 가치와 중요성을 널리 알리는 데 초점을 맞춰야 한다.

결론적으로 생태문명으로의 전환은 단순한 선택이 아닌 생존의 필수조건이다. 지금이라도 우리 삶의 방식을 지속 가능한 방향으로 전환해야 하며 이를 위해 모든 노력을 기울여야 한다. 이 전환은 환경, 경제, 사회, 정치, 문화의 모든 측면에서 이루어져야 하고 모든 인류가 참여해야 한다. 우리 모두가 이 중대한 변화의 일부가 되어 지구와 함께 지속 가능한 미래를 만들어 가보자.

Alive

3장
살아있는 농장에서 식품까지

Eco-Alive Farm to Food
over Safe Farm to Table

혁신적인 개념의 '살아있는 농장에서 식품까지'는 우리의 건강과 지구의 미래를 위한 중요한 움직임으로 단순히 안전한 농장 관리와 식품을 제공하는 것을 넘어, 우리 모두가 지속가능하고 생태적으로 건강한 먹거리 시스템을 구축하는 데 초점을 맞추고 있다.

1

농업성전

農業聖典

『농업성전』은 알버트 하워드 경^{Sir Albert Howard}이 저술한 농업에 관한 고전적인 저서로 유기 농업과 지속 가능한 농업의 필요성을 강조하며 현대 농업 방식의 문제점을 지적하고 자연과 조화를 이루는 농업 방식으로의 전환을 주장한다. 농업을 단지 식량 생산의 수단으로 보지 않고 생태계의 일부로서 그 지속 가능성을 강조하는 저자의 철학을 담고 있다. 이 책은 유기 농업의 초기 이론을 형성하는 데 크게 기여했으며 오늘날에도 여전히 많은 농부, 연구자, 환경 운동가들에게 영감을 주고 있는 중요한 인류의 기록이다.

하워드 경의 저서는 지속 가능한 농업과 유기 농업의 중요성을 강조하는 선구적인 작업으로서 환경에 대한 농업의 영향을 이해하고, 자연의 리듬과 조화를 이루는 방식으로 농업을 실천하는 행동의 중요성을 역설한다. 토양의 건강을 전체 생태계의 건강과 직결되어 있다고 보고 동식물성 폐기물로부터 부식을 제조하는 인도올식 처리법^{1924~31년 중앙 인도의 인도올에 있는 농산연구소에서 고안}과 같은 유기물 재활용 방식을 통해 자원을 지속 가능하게 사용하는 것을 강조했다. 또한 지력과

국민 건강 사이의 연결을 탐구하며 연구와 교육의 중요성을 짚는다.

이러한 『농업성전』의 원칙과 방법론은 현대 농업의 지속 가능성을 둘러싼 논의에 큰 영향을 미쳤으며 오늘날의 환경 문제와 지속 가능한 식품 시스템 구축을 향한 현재의 노력에 깊은 통찰력을 제공한다. 현대 기술과 유기 농업 방법을 결합하여 토양 건강을 개선하는 혁신적인 방법을 탐색하고 현대 농업에 유기물 재활용 방식을 통합하는 방법 그리고 건강한 식품 시스템이 개인과 사회 전체의 건강에 미치는 영향을 분석한다.

하워드 경의 비판적 시각은 오늘날의 농업 연구와 교육에도 여전히 적용된다. 이를 바탕으로 지속 가능한 농업 방법을 촉진하고 대중을 교육하기 위한 현대적인 접근 방식을 탐구하는 것이 필요하다.

『농업성전』에서 제시된 원칙들은 지속 가능한 농업이 현대 사회에 어떤 의미를 가지는지, 우리가 어떻게 이러한 원칙을 삶에 통합할 수 있는지에 대한 실질적인 이해를 돕는다. 과거의 지혜와 현대의 과학적 발전이 만나는 지점에서 지속 가능한 미래를 향한 실천적인 방안을 모색하는 데 크게 공헌한다.

하워드 경의 통찰력은 우리가 직면한 환경적 도전에 대응하기 위한 지속 가능한 농업 실천의 토대를 제공한다. 이러한 실천을 현대적 맥락에서 재해석하고 확장함으로써 우리는 지속 가능한 미래를 향한 길을 모색할 수 있다. 이 과정에서 『농업성전』은 오늘날 지속 가능한 농업과 식품 시스템에 대한 깊은 통찰과 영감을 제공하는 중요한 자원으로 남아 있으며 지속 가능한 발전을 위한 글로벌 노력의 일환으로 그 가치를 인정받고 있다. 하워드 경의 저작은 지구와 그 위에 살아가는 모든 생명체의 건강과 안녕을 도모하는 지속 가능한 농업의 미래에 대한 확고한 기반을 제공한다.

2
토양 생태와 농업 생산의 균형

　토양 생태와 농업 생산의 균형을 이루는 것은 지구상에서 지속 가능한 생명 유지에 필수적인 요소이며, 이는 친환경적인 농업 관행을 통해 토양의 건강을 유지하고 개선하는 방법과 더불어 이것이 어떻게 높은 수준의 농업 생산성을 촉진하는지에 대한 깊은 이해를 필요로 한다. 토양은 단순히 식물을 심는 매체가 아니라 복잡한 생태계를 형성하고 있는데, 이 생태계 내의 미생물, 곤충, 유기물 등은 식물 성장에 필수적인 영양소를 만들며, 물 순환과 정화, 병해충을 자연적으로 조절한다.

　관행농업에서는 다양한 퇴비와 부산물 및 유기질비료가 영양성보다는 토양개량 목적으로 치부되고 있다. 그에 따라 별도의 영양소를 투입하기 위해 수많은 비료, 특히 화학합성 비료와 각종 영양제 그리고 미량요소를 사용하는 실정이다. 과연 퇴비, 부산물, 유기물 등이 여타 비료들과 겨뤄 양분공급에 있어서 뒤처지는 것일까?

　그렇다면 자연의 식물들도 별도의 양분을 공급해야만 생장 및 번성할 것이 아닌가? 이러한 유기물질들은 일정 목적을 위해 제조된

화학합성 물질 대비 특정 양분 함유량에 있어서는 열세일지 몰라도 잠재된 보유성분은 결코 만만치 않을 것이다. 다양한 원료로 추출된 유기물에는 다량원소는 물론 최소한 수십종의 미네랄을 보유하고 있다. 그런데 이러한 유기물은 함유하고 있는 영양성분들의 특징상 가용할 수 있는 수용성 성질이 미미하고 식물(작물)이 직접 흡수하지 못하는 불용성 물질로 구성되어 있다는 데 한계가 있다.

지속 가능한 농업 관행은 이러한 토양 생태계의 건강과 생산성을 동시에 증진시키는 방향으로 진행되어야 한다. 유기 농업, 순환 농업, 보존 농업 등은 모두 화학비료와 농약의 사용을 최소화하고 토양의 유기물 함량을 증가시키며 토양 침식을 방지하는 등의 방법을 통해 지속 가능한 농업 생산을 촉진한다. 이러한 관행들은 토양 내 생물 다양성을 보존하고, 식물에 필요한 영양소의 자연적 공급원을 유지하며, 병해충을 자연적으로 조절하여 식물의 성장을 촉진한다.

건강한 토양 생태계는 농업 생산성의 증진과 직접적인 관련이 있다. 토양 내의 높은 생물 다양성은 식물이 필요로 하는 영양소를 풍부하게 제공하고 병해충에 대한 자연적인 저항력을 강화한다. 또한 토양의 물 보유 능력과 유기물 함량이 개선됨으로써 식물은 가뭄과 같은 극단적인 환경 조건에 더 잘 적응할 수 있게 된다. 이런 방식으로 지속 가능한 농업 혁신은 장기적으로 농업 생산의 균형을 이루고 환경적 지속 가능성을 보장하는 기반을 마련한다.

그러나 친환경적인 농업으로의 전환은 초기 비용, 지식의 장벽, 기존 농업 관행에 대한 의존도 등 여러 도전을 수반한다. 이러한 도전에도 불구하고 소비자들이 친환경적인 식품을 선호하는 수요와 환경 보호에 대한 글로벌 인식 증가는 지속 가능한 농업 혁신의 채택을 촉진하는 중요한 동기가 된다. 이러한 실행을 통해 농업 생태계의 지속 가능성을 보장하고 더 건강하고 지속 가능한 식품 생산 체계를 구축할 수 있다는 점에서 토양 생태와 농업 생산의 균형은 단순히 농업적 관심사를 넘어 환경적, 사회적 책임의 문제로 다뤄져야 한다.

결국 토양 생태와 농업 생산의 균형을 이루기 위한 노력은 지속 가능한 미래를 향한 중요한 발걸음이다. 이러한 노력은 토양의 건강을 보호하고 개선하며 동시에 농업 생산성을 유지하거나 심지어 증진시킬 수 있는 방법을 제공한다. 지속 가능한 혁신 농업의 채택과 실행은 농업 생태계의 건강과 우리 모두가 누리는 식품의 지속 가능성을 보장하는 데 필수적이며, 이는 우리가 직면한 환경적 도전에 대응하는 데 있어 중요한 역할을 할 것이다.

3
생태생명 토양복원 기술력

오랜 세월동안 농업 현장에서 토양복원이라는 말은 사용되지 않았다. 명확히 복원이라는 단어 자체를 상상할 수 없었다. 통상적으로 토양개량이라 하여 화학적 기법을 사용해 산성화된 토양을 중성으로, 또 물리적 기법을 통하여 경화된 토양을 입단화^{떼알구조, 흙 입자가 집합한 것} 시키는 목적이었다. 문자 그대로 개량^{나쁜 점을 보완하여 더 좋게 고침} 수준이었다. 물론 토양을 개량하면 농사가 잘되는 것은 당연하다. 하지만 지속 가능할 수는 없다. 매년 반복해야 하고 그에 따른 인력, 경비, 시간 손실이 매우 크다. 그동안 대다수의 농업 관계인들은 토양에서의 미생물의 중요성을 간과해 왔다.

현재 많은 농민들은 토질 상태가 악화될 때까지 토양의 중요성을 인지하지 못하고 있다. 대부분 수확량에 집중하여 화학비료를 과다 사용하고 병해충을 방지하기 위하여 농약을 다량 사용한다. 이러한 행위를 반복하여 종래 농법을 되풀이하다 작물의 생육이 예전과 같지 않을 때 비로소 문제가 있음을 인지한다.

이러한 현상은 토양이 이미 망가졌다는 것을 의미한다. 과다한 화학비료, 농약을 사용한 결과이다. 화학비료를 장기간 사용하다 보면 토양 내 염류농도가 높아지고 산도^{pH}가 낮아진다. 토양 염류집적이란 산^{酸}과 염기^{鹽基}가 결합된 것으로 염산^{HCl}과 질산^{HNO_3} 같이 산이 칼슘, 마그네슘, 칼륨, 나트륨 등 염기와 결합하여 토양 내 집적되는 현상이다. 이러한 토양 조건에서 작물의 뿌리가 양분을 흡수하지 못하고 삼투압 현상으로 반대로 수분이 빠져나가 생육이 저하 혹은 고사하는 것이다.

이를 해결하기 위해 다양한 방법을 사용한다. 단립화된 토양을 부슬부슬하게 만들기 위해 심경 로타리, 객토, 유기물 살포 등을 통하여 인위적으로 토질을 바꾸려 한다. 또한 산성화된 토양을 중성으로 만들기 위해 염기성을 띤 토양개량제$^{석회, 규산질 등}$를 살포하는 것이 일반적이며 토양의 축적된 염분을 줄이기 위해 토양에 물을 다량 공급하여 토양 내의 비료 성분을 용탈시키는 방법도 공공연히 해왔다. 당장에는 개선 효과가 있을 수 있으나 본질적으로 농법을 바꾸지 않는 한 계속 반복해야 한다. 그렇기 때문에 이러한 물리적, 화학적 방법에는 분명한 한계가 있는 것이다.

근본적으로 오염된 토양은 개량을 하는 것이 아닌 복원을 해야 한다. 그리고 토질을 복원할 수 있는 방법은 미생물을 이용하는 생태복원이 유일한 길이다. 각종 사전 및 인터넷에 검색해 보아도 알 수 있다. 생물적, 생물학적 토양복원이라는 용어만 존재할 뿐 물리적 또는 화학적 토양복원이라는 용어는 존재하지 않는다는 사실을 말이다.

하지만 미생물을 투여하는 것만으로 토양복원이 일어나지는 않는다. 그 이유는 미생물의 생리 때문이다. 세상 모든 미생물은 그들이 살아갈 수 있는 환경 조건이 다양하다. 그 조건을 맞춰주지 못하면 미생물은 살아갈 수 없기에 토양복원 또한 일어날 수 없는 것이다. 현대 농업 현장에서도 미생물을 활용한 토양복원을 시도하는 사례가 무궁무진하고 다양하다. 그러나 효과적인 토양복원을 한 사례는 그리 많지 않다.

현재 전국 지자체의 시군농업기술센터에서 유용미생물을 배양하여 농민에게 무상 혹은 저렴하게 공급하고 있고 각종 농업회사에서 그들만의 방법으로 개발한 미생물제제가 시중에 성행하고 있다. 우리나라 중부지방은 도자기 원료에 적합한 점질토양이어서 농사짓기에 매우 까다로운 환경조건이라 다양한 기술과 농법이 시도되어 왔다.

다음 사진은 2005년도 양평군농업기술센터에서 친환경농업자재를 선발하는 과정 중에 기능성 효모 미생물제제를 투입해 토질의 변

[점질토의 토질 변화와 입단화]

상추 재배 1.5년 사용 후   효모의 활동 및 토양효과

화를 직접 실증한 사례이다. 점질토의 특성은 물을 주면 질척거리고 수분이 없으면 사진에서 보듯이 돌덩이처럼 굳어 토양수분으로 겨우 농사를 지탱해 왔다. 그런데 이 지역에서 상추 품종으로 1년 반에 걸쳐 3작기를 거친 후 미생물에 의해 생산성이 향상된 것은 물론, 토양 입단화가 이루어져 획기적인 결과를 입증하였다.

과연 그에 따른 효과가 있을까? 대답은 극소수의 농민들만 효과를 본다는 것이다. 그 이유는 간단하다. 위에서 언급한 미생물의 생리를 모르고 사용하기 때문이다. 미생물은 사람과 비슷하다. 좀 더 비유하자면 인간 등 동물 세계의 생리와 비슷하다. 일정 구역에 독점 내지 우점^{우세하게 점유}하고 있는 세력이 있다면 신규로 들어오는 세력을 가만히 두겠는가?

다양한 방법으로 내칠 것이 뻔하다. 또한 둘 중 한 곳으로 소속되고자 한다면 어느 곳으로 가겠는가? 당연히 더 강한 세력으로 붙게 되는 것이다. 미생물도 이와 똑같다. 토양 내에 각종 병원균 및 토착미생물이 우점하고 있는데 아무리 좋다는 미생물을 투여한다고 해서 그들만의 경쟁에서 이길 수 있을 리가 없다. 그렇기 때문에 유용미생물이 세력을 확장할 수 있을 구역을 만들어 주기 위하여 행하는 방법이 있다.

바로 토양소독 및 토양살균이다. 일반적으로 행하는 방법은 두 가지이다. 첫 번째, 농약을 사용하는 것이다. 이는 토양 내에 우점하고 있는 병원균 등을 제거하는 데 매우 효과적이지만 농약 성분이 토양 내 잔류 혹은 용탈되어 지하수 수질에 악영향을 끼칠 수 있다. 두 번째, 담수방식이다. 고온기에 토양을 담수시킨 후 비닐을 덮어 수온을 올리는 방식이다. 대다수의 미생물은 고온에 취약하기 때문에 이를 활용하여 토양을 소독하는 것이다. 이는 친환경적인 방식으로 볼 수 있으나 담수를 함으로써 토양 내 비료 성분이 용탈될 가능성이 매우 높고 이 방법을 하는 동안 농사를 지을 수 없어 고온기에 농사를 쉬는 작목을 택한 농민들만이 이 방식을 택한다.

그리고 위의 두 가지 방법에는 큰 단점이 존재한다. 그것은 토양 내에 존재하는 유용 미생물까지 모두 사멸시킨다는 점이다. 이러한 행위야말로 토양 생태계를 인위적으로 파괴하는 셈이 된다. 하지만 경작지 토양에 병원균이 독점하고 있다면 어쩔 수 없이 토양소독 후 농사를 지을 수밖에 없다.

그렇다면 토양소독을 통하여 각종 병원균, 토착미생물을 제거한 후 유용미생물을 투여하면 효과가 당연히 있지 않겠는가? 그에 대한 대답도 '아니오'이다. 앞서 미생물이 살아갈 수 있는 환경은 '다양하다'라고 표현했다. 우점 세력 제거뿐만 아니라 환경 조건도 맞춰주어야 한다. 강한 산성, 염기성 토양에서는 미생물이 활동할 수 없다. 때문에 토양산도도 미생물 생리에 큰 영향을 준다. 이렇듯 다양하고 까다로운 환경조건 때문에 대다수의 경농인들이 미생물을 활용한 농법에 큰 효과를 느끼지 못하는 것이다. 그렇다면 이렇게 단점이 많고 까다로운데 어떻게 토양을 복원하는 것이 좋겠는가?

그에 대해 현장 검증된 해답이 바로 첨단 생명과학 기술 기반의 에코-얼라이브 시스템이다.

4
생물 다종·다양성 농업의 실천

생물 다양성의 보존은 지구상에서 생명을 유지하고 지속 가능한 발전을 촉진하는 핵심 요소로 농업 시스템 내에서의 그 중요성은 점점 더 강조되고 있다. 생물 다종 및 다양성 농업의 실천은 에코-얼라이브 시스템 농법과 같은 현대 생명과학 기반의 접근 방식을 통해 생태계의 건강을 증진시키며 농업 생산성을 유지하거나 심지어 향상시킬 수 있는 방법을 제공한다. 이러한 접근 방식은 자연생태의 원리와 현대 과학적 방법을 결합하여 지속 가능한 농업 실천을 촉진한다. 또한 생태계 기반의 접근을 통해 토양의 건강, 생물 다양성 및 생태계 서비스를 보호하고 향상시키는 데 초점을 맞춘다.

유기 농업의 한계를 뛰어넘는 에코-얼라이브 농업이 토양미생물에서 포유동물에 이르기까지 먹이사슬의 모든 단계에서 생물다종, 다양성을 증가시킨다는 것은 이미 잘 알려진 사실이다. 화학합성제를 사용하지 않는 유기 농업은 관행농업에 비해 모든 생물 종과 수를 평균 30% 이상 증가시킨다고 알려졌다. 기존 농업이 화학비료와 농약에 의존하여 생산성만 목표로 삼았다면 에코-얼라이브 농업은 생물 다양성에 대한 존중에 기반을 둔 농업이라 할 수 있다. 에코-얼라이브 농업은 단순히 먹거리를 생산하기 위한 수단이 아니라 사람까지 생태계의 일원으로 보고, 자연생태를 해치지 않으면서 함께 어우러져 살아가는 삶의 방식이다.

에코-얼라이브 시스템 농법은 생태계 전반에 대한 깊은 이해를 바탕으로 하며, 이는 토양 비옥도의 증진, 해충 문제의 자연적 조절, 물 자원의 효율적 사용과 같은 자연 선순환의 이용을 포함한다. 이 방법은 다양한 식물과 동물을 포함하는 농업 시스템을 통해 생태계의 복원력을 강화하고 생물 다양성의 증진을 통해 토양 건강을 유지하며 자연 해충 조절에 기여한다. 또한 물, 토양, 공기와 같은 자연 자원의 지속 가능한 관리를 통해 장기적인 농업 생산성을 보장하고 환경에 미치는 부정적인 영향을 최소화한다는 점에서 중요하다.

건강한 토양, 무성한 뿌리, 건강한 작물

대중을 생물 다양성 농업 실천으로 이끄는 방법은 다양하다. 교육과 인식 증진을 통해 에코-얼라이브 농법의 이점과 중요성을 대중에게 전달하고 성공적인 사례를 통해 실제 효과와 장점을 보여줌으로써 신뢰와 참여를 유도할 수 있다. 또한 정책 입안자와의 협력을 통해 지속 가능한 농업 실천을 장려하는 정책과 규제를 마련하고 지역 커뮤니티와의 협력을 통해 지역 경제적, 환경적 이익을 증진시킬 수 있다.

생물 다양성을 농업 관행에 통합하는 것은 지구의 생명력을 유지함과 동시에 우리의 먹거리 시스템을 건강하고 지속 가능하게 만드는 데 필수적이다. 이러한 관행은 농업 생태계의 지속 가능성을 보장하며, 식품 생산의 질과 회복력을 향상시키고, 미래 세대를 위한 건강한 환경을 조성한다. 에코-얼라이브 시스템 농법과 같은 지속 가능한 농업 실천은 환경 보호, 식량 안보 강화, 농촌 커뮤니티의 생활 개선을 목표로 하며 모든 이해관계자의 참여와 협력을 필요로 한다. 이를 통해 우리는 생물 다동·다양성의 보존을 실천하고 지속 가능한 미래를 향해 중요한 발걸음을 내딛을 수 있다.

5
지속 가능한 농업에서 소비자의 역할

　지속 가능한 농업은 단순히 농업 기술이나 방법론의 문제를 넘어 우리 사회 전체의 지속 가능한 미래로 나아가는 핵심 경로 중 하나이다. 이 경로 위에서 소비자의 역할은 매우 중요하며 단순한 구매자에서 지속 가능한 미래의 적극적인 구축자로 변화를 요구한다. 의식 있는 소비는 이러한 변화의 시작점으로 유기농 식품, 현지에서 재배된 농산물, 계절에 맞는 식품을 선택함으로써 환경에 미치는 부담을 줄이고 지역 경제를 지원하는 등의 긍정적인 영향을 미칠 수 있다. 이는 소비자가 지속 가능한 농업을 지지하며 농업 생산 방식에 직접적인 영향을 미치는 행동이다.

　지식과 정보의 공유는 소비자로서 우리의 책임 중 하나이며 지속 가능한 농업에 대한 깊은 이해와 관련 정보를 주변에 전파함으로써 지속 가능한 선택을 위한 인식을 높일 수 있다. 이는 라벨 읽기, 제품의 출처 이해, 지속 가능한 농업 관행에 대한 교육 등을 통해 이루어진다. 지역 농산물의 지원을 통해 우리는 운송 과정에서 발생하는 탄소 배출을 줄이고, 지역 경제를 강화할 뿐만 아니라 신선하고 영양가 높은 식품을 섭취할 수 있다는 이점을 얻을 수 있다.

식단을 지속 가능하게 구성하는 일은 개인의 건강과 더불어 지구의 건강에도 좋다. 식물 기반의 식단을 늘리고, 고기 소비를 줄임으로써 환경에 미치는 영향을 줄이고 자연 자원의 효율적 사용을 도모할 수 있다. 적극적인 참여와 옹호는 소비자가 할 수 있는 가장 강력한 행동 중 하나다. 지속 가능한 농업을 위한 정책과 이니셔티브를 지지하고 관련 캠페인이나 프로젝트에 참여함으로써 지속 가능한 농업을 실현할 수 있다.

지속 가능한 농업을 향한 이 여정은 단순히 개인의 건강과 웰빙을 넘어서 우리 모두가 살아가고자 하는 지속 가능한 미래로 나아가는 길이다. 소비자로서 우리 각자가 의식 있는 선택을 하고, 지식과 정보를 적극적으로 공유하며, 지역 커뮤니티를 지원하고, 적극적으로 참여함으로써 지속 가능한 농업의 실현에 중요한 역할을 할 수 있다. 우리가 하는 매일의 선택이 모여 지구의 건강을 지키고 후대에 더 나은 환경을 물려줄 수 있는 힘이 될 것이다. 이러한 소비자의 능동적인 변화와 적극적인 참여는 지속 가능한 농업이 단지 이상이 아니라 현실로 구현될 수 있도록 하는 데 필수적인 동력이 된다.

6

살아있는 농장에서 식품까지
Alive Farm to Food

살아있는 농장에서 식품까지^{Alive Farm to Food}의 여정은 안전한 농장에서 식탁까지^{Safe Farm to Table}를 뛰어넘는 지속 가능한 생태농업의 실천과 건강하고 영양 가득한 식품의 소비를 목표로 한다. 이 과정은 생태친화적 농법을 기반으로 하여 토양의 생명력을 보호하고 강화하는 것에서 시작된다. 살아있는 농장은 자연과의 조화 속에서 운영되며 유기농 농법, 순환 농업, 통합 해충 관리 등 다양한 에코-얼라이브 시스템을 통해 지속 가능한 생산을 추구한다. 이 방식은 토양 생태계를 강화하고, 생물 다양성을 증진시키며, 환경 오염을 최소화하고자 한다.

살아있는 농장이란 땅심이 좋은 토양으로, 미생물이 조화를 이루고 양분을 균형있게 함유하거나 골고루 잘 흡수할 수 있어야 한다. 또 식물 뿌리가 땅 속에서 깊고 넓게 뻗어서 양분 흡수가 가능한 땅으로서 토양의 물리성, 화학성, 생물성이 잘 갖추어진 농장을 말한다. 이와 같은 토양 조건에 부합하기 위해서는 유기물과 미소생물이 중추적인 역할을 한다. 따라서 건강한 흙 1g에는 다양한 미생물이

[토양의 소동물 지렁이 효과]

- [부엽토와 지렁이] 찰스 다윈, 1881

1ac당 (1,224평)	관행 땅	유기 땅	비고
	13,000마리	1,000,000마리	각종 생물체 무게 1,100t

- [감귤, 10ac] 미국 캘리포니아, 1919

관행재배(28년생)	300상자
화학비료 대신 지렁이투입(50년생)	630상자

약 10억 마리 존재해야 하고 부식 유기물도 4~5% 함유해야 살아있는 땅이라고 할 수 있다.

그런데 작금에 이르러 토양은 지구 생성 시에 1,000여 종의 유효 미생물이 1992년에 100여 종으로 감소한 것은 물론 4,000만 마리로 줄어든 것으로 보고되었고 30여 년이 흐른 지금은 상상을 초월할 것이다. 합성화학제의 폐해로 인해 토양 생태계가 파괴되었고, 수탈 농업으로 투입되는 유기물 역시 토양 미생물의 사멸과 함께 부식이 더디게 되었다. 이 때문에 식물이 흡수할 수 있는 부식함량이 심각하게 부족해졌고 현재 또 다른 복합자재에 의존하고 있는 실태다.

옛말에 퇴비 100관(375kg)이면 쌀 1섬(150kg)이라고 했다. 위의 표에서 보듯이 1881년 찰스 다윈이 쓴 부엽토와 지렁이에 관한 조사자료에 의하면 1ac(1,224평)당 관행재배 땅과 유기재배 땅에서의 지렁이 수가 1.3만 마리 대 100만 마리로 약 77배 차이가 났다.

1919년 미국 캘리포니아의 감귤농장에서 10ac당 28년생 관행재배는 300상자를, 화학비료 대신 지렁이를 투입한 50년생 감귤나무에서는 630상자를 수확해 큰 차이를 보였다고 한다.

국내외 연구와 보고된 자료에서도 볼 수 있듯이 농산물의 영양 및 기능성분의 차이를 나타냈다. 유기농 채소류와 과일 및 가축 소에서 성분분석의 결과가 주목받기에 충분하다. 2022년도에는 하버드대학교 메디컬 스쿨의 HLP과정에서 생태친화 비료 시스템의 Alive N 사업 연구에 관해 발표된 적도 있다.* 히포크라테스가 "음식이 곧 약이 되어야 하고 약이 곧 음식이다"라며 먹거리의 중요성에 대해 설파한 주장을 근거로, 1914~1992년 그리고 최근의 보고에 의하면 사과 속 철분이 미국의 경우 100년 사이에 함유량이 1/40로 급감했다고 언론에 보도되었다. 시금치의 경우에도 1952년과 1993년 사이 철분 함유량이 1/16로 줄어들었다고 한다.

---

* 「Business Study on Eco-friendly Fertilizer System」, 다니엘 류, 2022.08.04.

[농법에 따른 농산물 영양 및 기능성분 차이]

- 농림부 친환경농업과(2007.5.1.)

비타민-C 케일(100g당)	일반	유기	비고
	27.5~63.8mg	62.1~85.9mg	안전성 + 땅심

- EU 4년간 유기식품 연구(연합뉴스, 2007.10.28.)

유기농 과일 채소	일반	유기	비고
		40% ↑	노화방지제 (안티 옥시던트)

유기농 식품 섭취 소 → 우유	일반	유기	비고
		90% ↑	안전성 + 성분

- 일본 문부성(일본신생신문, 2011.11.10.)

시금치	1950	1982	2005	비고
영양가	150mg	65	35	1/4.3
철분	13mg	3.7	2.0	1/6.5

살아있는 농장Alive Farm의 운영은 물 절약, 에너지 효율성 증대, 재생 가능한 자원의 활용 등을 포함하여 생태환경에 미치는 부담을 줄이고 지속 가능한 식품 생산 체계를 구축하려는 노력을 반영한다. 이 과정에서 생산된 식품은 최소한의 가공을 거쳐 소비자에게 제공되며 식품의 영양학적 가치를 최대한 보존하고자 하는 목적을 가진다.

이러한 배경 속에서 '살아있는 먹거리Alive Food'라는 개념이 주목받기 시작했다. 이는 단순히 식품의 안전성을 넘어서 식품이 개인의 건강, 환경, 사회에 미치는 긍정적인 영향까지 고려한 식품 개념을 의미한다. 살아있는 먹거리는 식품의 생산, 가공, 유통 과정 전반에 걸쳐 지속 가능한 방식을 추구하며, 이는 건강한 인간, 환경, 사회로 이어지는 순환적 가치를 창출한다. 식품 생산 과정에서의 유기농 농법, 자원의 효율적 사용, 탄소 배출 감소 등은 살아있는 먹거리의 중요한 원칙들이다.

왼쪽 표에서 국내 농림부와 일본 문부성 및 EU 유기농식품 연구 자료를 통해 알 수 있듯이 일반 농산물 대비 유기 농산물의 영양성분 차이는 땅과 농법에 의해 비롯된다. 그럼에도 불구하고 화학적 분석기법에 의해 작물별 화학성분 상의 차이가 없다고 하나 농산물의 안전성 및 작물 고유 성분의 농도와 기능성분 결핍의 차이는 보고되고 있다.

살아있는 먹거리의 실현을 위해서는 소비자, 농민, 기업, 정부 등 모든 이해관계자의 노력이 필요하다. 소비자는 유기농 식품, 현지에서 재배된 식품, 계절에 맞는 식품을 선택함으로써 지속 가능한 농업을 지지할 수 있다. 농민과 생산자는 지속 가능한 방법으로 식품을 생산하고 기업은 책임 있는 소싱과 지속 가능한 비즈니스 모델을 개발해야 한다. 또한 정부는 지속 가능한 농업을 지원하고 장려하는 정책과 규제를 마련해야 한다.

살아있는 먹거리의 개념은 히포크라테스의 건강 철학을 현대적으로 재해석하고 확장한 것으로 볼 수 있다. 자연에서 얻은 신선하고 영양가 높은 식품을 섭취하는 것뿐만 아니라 그 식품이 생산되는 과정이 환경과 사회에 미치는 영향까지 고려하는 것은 오늘날 우리가 직면한 환경적, 사회적 도전에 대응하는 중요한 방법이다. 살아있는 먹거리를 통해 우리는 건강한 생활을 영위할 뿐만 아니라 지속 가능한 미래를 향한 긍정적인 변화를 만들어갈 수 있다. 이는 인간과 자연이 조화를 이루는 지속 가능한 생활 방식으로 나아가는 데 필수적인 요소이며 모든 이해관계자의 적극적인 참여와 협력을 통해 이루어질 수 있다.

7
식품의 영양 및 약리학적 특성

현대의학의 아버지라 불리는 히포크라테스가 전한 "음식으로 고칠 수 없는 병은 의사도 고칠 수 없다"는 말은 시대를 초월하여 건강한 먹거리의 중요성을 강조한다. 이는 자연에서 얻은 식품의 힘을 믿었던 그의 철학이 현대에도 여전히 울림을 주는 이유이다. 그러나 현재의 농업 및 식품 생산 방식이 환경과 인간의 건강에 미치는 부정적인 영향은 심각한 수준에 이르렀다. 화학 물질의 과도한 사용과 비정

[농산물 영양 및 기능성분 차이, the Organic Consumers Ass.]

감소율(%)	Mg	Ca	Fe	Cu
감자	30	35	45	47
당근	75	48	46	75
브로콜리		75		
시금치		45		96
양파		74		
냉이				93
사과			67	
오렌지			67	

감소율(%)	Mg	Ca	Fe	Cu
소			38	84
닭		71	69	
치즈	37		35	
우유	21		63	

• 영국 1940 → 1991 Rovert Mc 외
지질학자(← 영양학자) David Thomas

상적인 재배 방식은 식품의 영양 가치를 저하시키고 환경 오염을 유발하며 결국 인간 건강에 해로운 영향을 미칠 위험을 내포하고 있다.

농식품의 영양학적 및 약리학적 특성에 대한 깊은 이해와 원천적 접근은 현대 사회에서 인간의 건강을 지키고 증진하는 데 필수적인 요소이다. 히포크라테스가 전한 건강한 식습관의 중요성은 오늘날에도 변함없이 유효하며, 이는 자연에서 얻은 식품이 지닌 힘을 최대한 활용하자는 메시지로 해석될 수 있다. 그러나 현대의 농업 방식과 식품 생산 과정이 환경과 인간의 건강에 미치는 영향을 고려할 때 에코-얼라이브 방식으로의 전환은 더 이상 선택이 아닌 필수가 되었다.

미국 하버드대 심신의연구소 앨런 C. 로건 교수는 자신의 책에서 "당신이 먹는 음식, 그것이 바로 당신이다You are what you eat"라고 언급했는데, 앞쪽의 도표에서 영국의 the Organic Consumers Ass.이 적시했듯 농산물의 영양성분 결핍이 심각한 상태이다. 이러한 상황을 인식한 영국의 영양학자 데이비드 토마스 교수는 1940년에서 1991년 사이 다양한 농산물을 통해 앞의 표에서 보는 바와 같이 마그네슘^{Mg}, 칼슘^{Ca}, 철^{Fe}, 구리^{Cu} 등 많은 종류의 영양분 감소의 원인이 토양에서 비롯됨을 알아차리고 지질학자로 변모해 연구를 이어갔다.

농작물은 인간 식단의 기본을 이루며 필수 영양소의 주요 공급원으로서의 역할을 한다. 탄수화물, 단백질, 지방, 비타민, 미네랄 등 다양한 영양소는 신체의 정상적인 기능 유지와 건강한 삶을 영위하기 위해 필수적이다. 더불어 식물성 화합물이 지닌 항산화, 항염, 항암 등의 약리학적 특성은 만성 질환의 예방과 건강 증진에 중요하다.

이계호, 충남대 명예교수, 태초먹거리학교장

이러한 농작물의 특성은 식단을 구성할 때 고려해야 할 중점적 요소로 건강한 식생활의 기반이 된다.

농산물의 이러한 영양학적 및 약리학적 가치를 최대한 활용하기 위해서는 생태를 살리는 농업을 통해 재배되어야 한다. 환경에 미치는 부정적인 영향을 최소화하고 식품의 질과 영양 가치를 극대화하는 방식으로 재배된 농작물은 인간과 자연이 조화롭게 공존할 수 있게 한다. 이는 지구의 건강을 유지하고 미래 세대를 위한 에코-얼라이브Eco-Alive한 생태환경을 조성하는 데 필수적인 접근이다.

건강한 먹거리의 중요성을 태초먹거리자연의 법칙에 순응하는 먹거리를 일컫는 말로 일깨우는 충남대학교의 이계호 명예교수는 방송에 출연해 '기본의 회복, 건강의 회복' 이라는 주제로 강연을 이어오다 2010년부터 태초먹거리 운동을 펼치고 있다. 지난 14년 동안 이계호 교수 혼자서 주로 방송, 언론, 특강 등을 통하여 건강먹거리를 알리고 공감대 형성을 해오다 태초먹거리학교를 설립하고 전국적인 조직을 결성해 활성화를 꾀하고 있다.

농식품의 영양 및 약리학적 특성에 대한 깊은 이해와 적절한 식단의 구성은 건강한 생활 방식을 실천하고 질병을 예방하는 데 꼭 필요하다. 식품의 선택과 소비는 단순한 개인적인 결정을 넘어서 환경과 사회에 미치는 영향을 고려해야 하는 책임 있는 행동이다. 에코-얼라이브한 농업 방식을 지지하고 건강과 영양 가치가 높은 식품을 선택함으로써 우리는 건강한 개인, 환경, 사회를 위한 긍정적인 변화를 만들어갈 수 있다.

이러한 접근은 히포크라테스가 강조한 자연의 힘을 믿는 철학과 맥을 같이 하며 현대 사회에서도 그 가치가 변함없이 중요함을 상기시킨다. 건강한 먹거리의 구성과 지속 가능한 식품 소비의 실천은 우리 모두가 당면한 환경적, 사회적 도전에 대응하고 건강한 미래를 위한 토대를 마련하는 데 필수적인 요소이다. 따라서 우리는 농작물의 영양학적 및 약리학적 가치를 최대한 활용하고 지속 가능한 방식으로 식품을 생산하고 소비하는 데 앞장서야 한다. 이를 통해 인류는 더 건강하고 에코-얼라이브한 미래로 나아갈 수 있을 것이다.

8
혁신 농법이 식품 품질에 미치는 영향

에코-얼라이브시스템 농법은 지속 가능한 농업과 환경 친화적인 식품 생산을 지향하며, 이는 식품의 영양학적 및 약리학적 특성, 맛, 안전성에 긍정적인 영향을 미치고, 더 나아가 환경적 지속을 가능하게 한다. 이 시스템 농법의 핵심은 생태계와 조화를 이루는 동시에 토양의 건강을 보호하고 생물 다양성을 증진시키는 것이며 자연의 선순환을 통해 지속 가능한 방식으로 식품을 생산하는 것에 초점을 맞춘다.

에코-얼라이브 농업의 식물 영양에 대한 접근방법은 관행농법과 근본적으로 다르다. 관행농업은 쉽게 용해되는 화학비료와 유기질 비료를 투입해 식물에게 직접 공급하는 방식을 취한다. 반면 에코-얼라이브 농업은 유기물에 기능성 미생물을 탑재해 토양에 투여하여 시스템적으로 불용성^{不溶性} 및 난용성^{難溶性} 물질을 식물이 흡수할 수 있게 만드는 부숙^{腐熟} 촉진과 영양소를 만들어 적기에 식물에 영양을 공급한다. 작물의 양분은 토양 유기물의 건전한 관리와 기능성 미생물의 상호 작동으로 기인하기에 토양유기물은 작물의 주요 양분 집합체나 다름없다.

에코-얼라이브 농법을 통한 농산물 생산은 식품의 영양 가치를 증진시킨다. 건강한 토양에서 재배된 농작물은 필수 영양소를 효과적으로 흡수하여 비타민, 미네랄, 항산화제와 같은 영양소의 함량을 높인다. 이로 인해 소비자는 건강 혜택이 더 많은 식품을 섭취할 수 있게 되며, 이는 개인의 건강과 웰빙에 기여한다.

또한 이 농법은 식품의 맛과 향을 향상시키는 데에도 긍정적인 영향을 미친다. 천연의 맛과 향이 진하고 풍부한 농작물은 소비자들에게 더욱 선호되며 자연 그대로의 맛을 즐길 수 있게 한다. 이는 건강한 식습관의 촉진뿐만 아니라 식문화의 질적인 향상에도 도움이 된다.

식품의 안전성은 에코-얼라이브시스템 농법의 중요한 이점 중 하나이다. 화학비료와 농약의 사용을 최소화하고 자연적인 해충 관리 방법을 적용함으로써 식품에 잔류할 수 있는 화학 물질의 위험을 줄인다. 그렇기 때문에 소비자는 더 안전하게 식품을 섭취할 수 있고 장기적으로 건강을 지키는 데 좋다.

한편 채소류 섭취량이 세계에서 최고로 많은 우리나라는 재배 시에 살포되는 비료의 종류, 시비량, 살포 시기에 가장 많은 영향을 받는다. 특히 과다하게 질소에 의존하는 관행농법 및 질소 시비량과 밀접한 연관이 있는 채소의 질산염 집적량의 심각성에 대해 2000년도 조사한 아래 자료를 살펴보자. 소비자단체는 우리나라에서 재배되는 채소의 질산염 함량이 외국의 허용기준을 초과한다는 사실을 알고서 생산단계와 고품질 안전농산물에 대해 예의

작물명	시료수	질산염 함량(ppm)			작물명	시료수	질산염 함량(ppm)		
		최저	최고	평균			최저	최고	평균
시금치	290	403	6,935	3,088	양파	40	363	2,903	890
상추	251	31	5,391	2,412	무	31	137	2,856	1,911
배추	220	310	6,374	3,017	고구마	15	214	2,230	608
얼갈이배추	63	34	6,266	3,180	당근	13	731	2,117	1,254
열무	75	20	6,888	3,565	감자	11	341	686	451

작물명	시료수	질산염 함량(ppm)			작물명	시료수	질산염 함량(ppm)		
		최저	최고	평균			최저	최고	평균
수박	62	301	4,393	1,809	청경채	13	1,497	6,120	3,670
호박	32	111	2,285	1,007	취나물	11	2,693	6,184	4,733
방울토마토	29	177	2,834	1,084	참나물	11	292	5,376	2,540
참외	28	341	1,666	1,139	셀러리	8	40	4,982	2,440
딸기	20	846	3,831	1,701	로메인	7	1,019	5,651	2,372

주시하고 있다. OECD 등 유럽 각국에서 채소질산염 허용기준치가 2,500~3,500ppm 내외로 채소별로 각각 정해져 있으며 EU는 1997년 상추와 시금치에 대해서는 단일 기준치를 설정한 바 있다.

환경적 지속 가능성의 측면에서도 에코-얼라이브 농법은 큰 이점을 가진다. 토양 침식 방지, 물 자원 보호, 탄소 발자국_{개인, 기업, 제품 또는} _{활동의 탄소 배출량을 측정하여 환경적 영향을 평가하는 개념} 감소와 같은 원칙을 통해 농업이 환경에 미치는 부정적인 영향을 최소화하며 지구의 건강한 미래를 위한 길을 제시한다. 이러한 접근 방식은 지속 가능한 에코-얼라이브 농업이 단순히 가능한 것이 아니라 필수적임을 보여준다.

에코-얼라이브 시스템 농법은 단순히 작물을 재배하는 방식을 넘어서 지속 가능한 식품 소비 문화를 만들어가는 데 막중한 역할을 한다. 이는 식품의 질과 안전성을 향상시키는 동시에 환경 보호와 생물 다양성의 증진을 추구한다. 건강한 식품 생산뿐만 아니라 지속 가능한 농업의 실현을 위해 중요한 단계를 제시하며 모든 이해관계자가 함께 노력해야 할 방향을 명확히 한다. 이를 통해 우리는 건강한 개인, 환경, 사회를 위한 긍정적인 변화를 만들어갈 수 있으며 지속 가능한 미래를 위한 토대를 마련할 수 있다.

9

식품 안전 및 발암 물질 문제 해결방안

우리나라는 채소 소비량이 세계에서 가장 많고 질소비료 사용량이 네덜란드 다음으로 가장 많은 까닭에 일일 질산염 섭취량이 WHO가 정한 일일 섭취 허용량보다 3~4배 많은 실정이다.** 채소류의 질산염 함량은 농법, 즉 재배 시에 투여되는 비료와 밀접한 관계가 있어서 농법이 매우 중요하다. 우리나라의 채소재배 경향은 질소 다비재배로 인해 채소류의 질산염 증가 원인으로 알려져 있다. 뿐만 아니라 질소과다 사용은 토양의 질산염 집적은 물론 지하수 수질오염에도 심각한 피해를 준다.

질산염은 자연적으로 토양과 물에서 발견되는 화합물이며, 식물의 성장에 필수적인 질소의 형태 중 하나이다. 그러나 높은 농도의 질산염은 인체에 해롭고 특히 발암성 물질로 변할 가능성이 있어 우려의 대상이 되고 있다. 관행농법에서 과도하게 사용되는 화학비료와 미부숙 퇴비는 실제로 농산물에 질산염을 축적시켜, 그 안전성에 대한 의문을 증폭시키고 있다.

** 「채소의 질산염 감량 기술 개발」, 손상목, 2000

[각국별 1인당 채소 섭식량과 질산염 감량 효과: 당근]

순위	국가명	1인당 채소 소비량 (g/person/day)	순위	국가명	1인당 채소 소비량 (g/person/day)
1	한국	520	6	미국	270
2	터키	519	7	구 소련	259
3	스페인	359	8	호주	216
4	이집트	329	9	칠레	189
5	일본	298	10	멕시코	87

처리	질산염 함량(mg/kg)	
	지상부	뿌리
관행-복합비료	1,395	397
생태친화 비료시스템	92	197
차이(%)	-93.4	-49.1

　　구미 선진국들은 질산염 농도에 대한 엄격한 기준을 설정하고 관리함으로써 소비자의 안전을 지키고 있다. 반면 아래 표에서 보듯이 채소류 섭식율이 가장 높아 우리나라에서는 2000년대 초반 당시 농림부 연구과제로 전국에 걸쳐 거의 모든 작물을 대상으로 진행한 전수조사를 통해 질산염 문제를 인지하고도 그 절감 방법에 대한 해결책을 찾는 데 어려움을 겪고 있으며 이 문제는 여전히 해결되지 않은 채 국가적 숙제로 남아있다.

　　사람은 대부분 채소를 통해 85% 이상 질산염을 섭취하고 나머지는 식수에 의존한다. 섭취한 질산염이 과도할 경우 청색증을 일으키거나 타액과 섞여 아질산염으로 환원되어 아민류와 반응하여 강력한 발암성 물질인 N-nitrosamine이 생성되기도 한다고 알려져 있다. 그래서 국제암연구소에서는 제2발암물질로 분류하고 있다.

1997년에서 2000년 사이 당시 농림부과제로 수행된 결과 중 일부 발췌한 자료에서 보듯이 국제 기준에 비해 턱없이 높게 나왔고 섭식율로 비춰봐도 매우 심각한 실정이다. 이에 대한 보고서와 소비자단체에서는 외국의 허용기준치 수준으로 규제할 것을 지적했으나 현실과 기술의 한계로 인해 사회적 이슈가 될 것에 전전긍긍하고 있다.

그러나 첨단 생명과학기술 기반의 에코-얼라이브 시스템 농법은 그 솔루션을 제시하고 현장에 널리 보급하고 있다. 이러한 배경에서 에코-얼라이브 농법은 현대 생명과학 기반의 대안으로 등장했다. 이 농법은 화학비료에 대한 의존도를 줄이고 자연적인 미생물 활동을 촉진하여 토양 자체의 건강을 회복시키는 방식으로 질산염 문제에 접근한다. 에코-얼라이브는 지난 20년간 풀뿌리 마케팅을 통해 농업 커뮤니티 내에서 점차적으로 그 효과를 입증하고 신뢰를 구축해 왔으며 이제는 국민의 건강과 안전을 고려한 질 좋은 농산물을 생산, 공급할 수 있는 기반이 마련되었다. 그 당시부터 에코-얼라이브 농법은 풀뿌리 마케팅을 통해 폭넓게 실천해 왔다. 따라서 우리나라도 유럽연합의 채소 질산염 허용기준치를 원용하여 적용하는 것이 적절하다고 보이며 법제화도 필요하다고 판단된다. 이미 선진국에서는 채소류의 질산염 함유량을 규제하고 있는 나라도 있으므로 이에 대한 대책이 미비할 경우 김치 등 가공식품류의 수출에도 막대한 지장을 초래할 수 있다.

에코-얼라이브 시스템 농법은 지속 가능한 농업의 실천과 환경에 대한 깊은 존중을 바탕으로 한 혁신적인 접근 방식이다. 이 농법의 핵심은 생태계의 건강을 유지하고 증진시키는 것으로 토양의 영양 밸런스와 생물 다양성의 보호를 통해 식품의 영양학적 가치와 맛, 안정성과 환경적 지속 가능성도 높인다. 건강한 토양에서 재배되는 농작물은 필수 영양소를 효율적으로 흡수하여 비타민, 미네랄, 항산화제 함량을 증가시키며, 이는 소비자들에게 직접적인 건강 혜택을 제공한다.

농민, 농정책 관계자 그리고 소비자에게 에코-얼라이브 농법의 중요성을 효과적으로 전달하기 위해서는 직접적이고 구체적인 사례 연구와 함께 이 농법이 실제로 어떻게 질산염 축적 문제를 줄이는지를 보여줄 수 있는 데이터를 제시하고 있다. 또한 이 농법이 식품의 안전성뿐만 아니라 농업 생태계의 지속 가능성을 어떻게 향상시키는지에 대한 정보를 쉽고 이해하기 쉬운 언어로 이렇게 설명하고 있다.

질산염 축적은 현대 농업이 직면한 가장 시급한 문제 중 하나이다. 식물은 자연적으로 질산염을 사용하지만, 우리는 농산물에서의 과도한 축적이 건강에 어떠한 부정적 영향을 끼칠 수 있는지에 대해 우려하고 있다. 에코-얼라이브 농법은 이 문제에 대한 해답을 제시한다. 생명과학의 최첨단 연구를 통해 개발된 이 농법은 지속 가능하고 건강한 농업 생태계를 조성하면서도 질산염 수준을 안전한 범위 내로 관리한다. 지난 20년간의 노력과 성과를 바탕으로 이제 모든 농민과 정책 결정자들이 이 방법을 채택하여 국민의 식탁을 더욱 안전하게 할 수 있도록 돕고자 한다.

에코-얼라이브 시스템 농법을 통해 재배된 식품은 자연의 맛과 향을 더욱 깊고 풍부하게 하여 소비자의 식문화 경험을 향상시킨다. 이러한 식품은 천연 재료의 진정한 가치를 담고 있으며 건강한 식습관을 장려하는 동시에 식문화의 질을 높인다. 화학비료와 농약의 사용을 최소화하고 자연적인 해충 관리 방법을 도입함으로써 식품의 안전성을 강화하는 것은 이 농법의 중요한 장점이다. 이는 장기적으로 인간 건강을 보호하고 식품 안전에 대한 소비자의 신뢰를 높인다.

더불어 농업이 환경에 미치는 부정적 영향을 최소화하며 지속 가능한 농업의 실현 가능성을 보여준다. 이러한 농법을 적극적으로 실천하고 지원함으로써 우리는 건강한 개인과 환경, 사회를 위한 긍정적인 변화를 만들어 갈 수 있고 지속 가능한 미래를 위한 토대를 마련할 수 있다. 에코-얼라이브 시스템 농법을 통해 생산된 먹거리는 단순히 식탁 위의 음식이 아니라 건강과 지속 가능성을 향한 우리의 약속이자 실천이 되어 모두가 더 나은 세상을 향해 나아갈 수 있는 동력이 된다.

10
'그린하다' 농업 구현의 과제와 해결책

얼라이브 파밍 또는 에코-얼라이브 시스템 농법은 지속 가능한 농업의 한 형태로서 환경 보호, 생물 다양성의 증진, 건강한 먹거리 생산을 목표로 한다. 이러한 방식은 전통적인 농업과는 다른 접근 방식을 필요로 하며 먹거리 생산과 환경의 지속 가능성을 동시에 추구한다는 점에서 중요한 가치를 지닌다. '그린하다' 농업은 지속 가능성을 지향한다. 농업의 맥락에서 지속 가능성은 기본적으로 농업자원을 성공적으로 관리해 생태계의 필요성을 충족시키는 동시에 천연자원과 환경을 보호 보존하는 것을 의미한다.

따라서 '그린하다'의 지속 가능성은 생태적, 경제적, 사회적 측면을 포함하는 넓은 의미의 목표가 달성되어야 농업시스템이 지속가능하다고 할 수 있다. 그러나 이러한 혁신적인 농법을 실천하는 과정에서는 여러 도전과제가 발생하며, 이를 극복하기 위한 창의적이고 실질적인 해결책이 요구된다.

첫 번째 도전과제는 스마트파밍의 개념에 대한 오해와 초기 투자비용의 부담이다. 스마트파밍은 단순히 첨단 기술을 농업에 적용하

는 것을 넘어 농사 자체를 지속 가능하고 스마트하게 진행하는 것을 의미한다. 이를 위해서는 21세기 첨단 생명과학기술의 융합이 필요하며, 이러한 변화를 추구하는 데에는 초기 투자와 교육이 필수적이다. 해결책으로는 개별 기업과 일부 지자체가 선도적으로 이행하고 있으나 정부와 기업들의 재정 지원 및 기술 개발을 촉진하는 정책이 필요하다. 농민들에게도 필요한 교육 프로그램을 제공하여 이러한 기술을 효과적으로 활용할 수 있도록 해야 한다.

두 번째 도전과제는 지식과 교육의 부족이다. 에코-얼라이브 시스템 농법은 전통적인 농업 방식과 상이한 접근 방식을 요구하며, 이에 대한 충분한 지식과 교육이 필요하다. 이를 해결하기 위해서는 농업 관련 기관이나 단체에서 제공하는 교육 프로그램과 워크숍에 대한 접근성을 높이고 온-오프라인 교육 콘텐츠 개발을 통해 지식 전파의 범위를 확대해야 한다.

세 번째 도전과제는 시장 접근성의 제한이다. 지속 가능한 농법으로 생산된 제품의 시장 접근성은 생산자와 소비자 모두에게 중요한 문제이다. 직접 판매, 지역 시장, 온라인 플랫폼을 통한 마케팅 전략 개발, 소셜 미디어를 활용한 브랜드 인지도 향상 등이 효과적인 해결책이 될 수 있다.

마지막으로 고차원적인 생태계 살리기 운동과 같은 대규모 사회적 도전과제에 대응하기 위해서는 정부 및 비정부 조직의 적극적인 지원과 협력이 필요하다. 이는 재정 지원, 정책 개발, 대중 인식 제고 활동을 포함할 수 있으며 크라우드 펀딩과 같은 대안적 자금 조달 방법도 고려될 수 있다.

에코-얼라이브 시스템 농법의 실행은 환경, 사회, 경제적 지속 가능성을 동시에 추구하는 복합적인 노력을 요구한다. 초기 단계의 도전과제를 극복하고 지속 가능한 농업 방식을 널리 보급하기 위해서는 정부, 농민, 소비자, 교육 기관, 비즈니스 커뮤니티의 협력이 필수적이다. 이러한 노력을 통해 에코-얼라이브 농법은 지속 가능한 식품 생산과 환경 보호, 생물 다양성의 증진에 중요한 기여를 할 수 있으며 건강한 사회의 구축에 이바지할 수 있다.

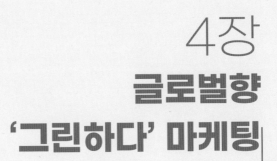

4장
글로벌향
'그린하다' 마케팅

지구가 먼저다. 지구는 물려 받은 것이 아니라

후손에게 빌려 쓰는 것이다

글로벌향 '그린하다' 마케팅은 '파타고니아'를 뛰어넘는 브랜딩으로 단순한 친환경을 넘어 전 세계적인 지속 가능성과 혁신을 실현하는 브랜드로 성장할 것이다. '그린하다'는 환경 보호를 위한 실질적인 행동과 사회적 책임을 통해, 모든 소비자에게 더 나은 미래를 약속하는 포괄적이고 진정성 있는 브랜드 가치를 제공한다.

1
파타고니아를 뛰어넘어

"지구가 목적, 사업은 수단", "인사이드 파타고니아^{Inside Patagonia}", 컴퓨터계의 인텔 인사이드^{Intel Inside} 같은 파타고니아 기업에 대한 한 줄 평이다. 파타고니아에 대한 책은 "한 회사를 변화시키는 그 이상의 시도를 다루고 있으며, 세계 생태 위기의 핵심인 소비문화에 도전하려는 시도이다"라고 환경운동가 나오미 클라인이 서평했다. 경영서로는 이례적으로 아마존 환경 분야 1위를 기록한 이 책은 미국 풀뿌리 환경운동가들에게 가장 큰 영향을 끼친 책 중 하나로 손꼽히며 친환경을 넘어 필환경이 기본이 된 시대에 기업들이 나아가야 할 원칙과 비전을 예언적으로 담고 있다.

파타고니아의 창업자 이본 쉬나드의 비전과 철학을 담은 책 『파타고니아, 파도가 칠 때는 서핑을』은 단순히 한 기업의 성공 스토리를 넘어 지속 가능한 미래를 향한 길잡이로서의 역할을 훌륭히 수행한다. 이 책에서 이본 쉬나드는 환경 보호와 사업적 성공을 양립시킨 그의 60년 경영 철학을 공유하며 전 세계 스타트업 창업가들에게 깊은 영감을 주고 있다. 이는 특히 생태농업 분야에서 활동하는 기업들에게 매우 중요한 메시지를 전달하며, 이러한 정신을 바탕으로 '그린하다' 브랜드의 마케팅 전략을 수립하는 데 있어 귀중한 지침서가 된 것이다.

'그린하다'는 파타고니아가 보여준 길을 따라 생태농업 회사로서의 자부심과 책임감을 갖고 에코-얼라이브 시스템Eco-Alive System을 구축하는 목표를 가지고 있다. 이 시스템은 농업이 단순히 식량을 생산하는 행위를 넘어서 지구와의 조화를 이루며 모든 생명체의 건강을 증진시키는 지속 가능한 활동이 될 수 있음을 보여준다. '그린하다'는 이본 쉬나드가 강조한 바와 같이 옳은 것을 선택하고 좋아하는 일을 하면서도 성공할 수 있다는 믿음을 실천에 옮기고자 한다.

이러한 철학은 '그린하다'의 마케팅 전략에 깊이 반영될 수 있다. '그린하다'는 파타고니아가 '우리 옷을 사지 마세요Don't Buy This Jacket' 캠페인을 통해 밀레니얼에게 보여준 것처럼, 소비를 장려하기보다는 의식 있는 소비와 지속 가능한 생활 방식을 장려하는 메시지를 전달할 필요가 있다. '그린하다'의 제품과 서비스는 고객들이 환경을 보호하고 자연과 더불어 살아가는 방법에 대해 깊이 고민하고 실천할 수 있도록 돕기 위해 설계되어야 한다.

'그린하다'는 이러한 전략을 통해, 제품의 품질뿐만 아니라 우리의 가치와 미션을 소비자와 공유함으로써, 파타고니아가 그랬던 것처럼 열광적인 팬을 거느리는 브랜드가 되고 있다. 소비자들이 제품을 선택함으로써 지속 가능한 농업의 실천자이자 지구를 지키는 활동가가 될 수 있음을 믿게 된다.

파타고니아의 이야기는 '그린하다'에게 단순히 성공한 기업의 이야기가 아니라 지속 가능한 미래를 위한 실천의 롤모델이기도 하다. 파타고니아가 보여준 길을 따라 필환경시대^{친환경이 선택이 아닌 필수가 된 시기}의 기업으로서 책임을 다하고 우리의 활동을 통해 지구와 인류의 더 나은 미래를 만들어가고자 한다. '그린하다'의 마케팅 전략은 이러한 비전과 가치를 고객과 공유하는 것에서 시작되며, 이를 통해 실리콘 밸리와 월스트리트의 교복이라고 불리는 파타고니아 조끼처럼 우리 분야에서의 획기적인 변화를 이끌어내고자 한다.

나아가 파타고니아의 브랜드 파워를 뛰어넘으려면 '그린하다'의 마케팅 전략은 단순히 제품을 넘어, 생태를 살리는 라이프스타일을 추구하는 이들에게 가치와 영감을 제공해야 한다. 이를 통해 우리는 단순한 소비자와 기업의 관계를 넘어, 지속 가능한 미래를 향한 동반자로서의 관계를 구축할 수 있을 것이다.

생태를 살리는 에코-얼라이브 세계^{Eco-Alive World}를 구축하고자 하는 '그린하다'의 목표는 단지 제품을 판매하는 것을 넘어서 지속 가능한 생활 방식을 촉진하고 지구와 우리 모두의 미래를 보호하는 것에 초점을 맞추고 있다. 이 목표를 실현하기 위해 강력한 마케팅 전략이 필요하다. 이 전략은 고객과의 깊은 감성적 연결을 형성하고 강력한 브랜드 커뮤니티를 구축하는 데 중점을 두어야 한다.

우선 브랜드 스토리텔링을 강화하여 '그린하다'의 브랜드 스토리와 철학을 감동적이고 영감을 주는 이야기로 전달해야 한다. 고객이 우리의 비전과 미션에 감정적으로 공감하게 만들고 그들이 이를 자신의 이야기로 받아들일 수 있도록 하여 파타고니아가 그랬듯이 실천과 성공 사례를 공유해서 고객이 브랜드에 깊이 몰입하게 만들어야 한다.

이와 함께 고객이 직접 참여할 수 있는 환경 보호 캠페인을 기획하고 지역사회 내에서 정기적인 환경 보호 관련 이벤트나 워크샵을 주최하여 브랜드와 고객 간의 실제적인 만남의 장을 만들 수도 있다. 이러한 참여형 캠페인과 커뮤니티 이벤트는 브랜드에 대한 충성도를 높이고 구전 마케팅을 자연스럽게 촉진할 것이다.

더불어 지속 가능하고 혁신적인 제품을 개발하여 시장에 선보이며 제품의 원료 출처, 제조 과정, 생태환경 영향 등에 대한 투명한 정보를 제공해야 한다. 이를 통해 소비자가 구매 결정을 내릴 때 의미 있는 선택을 할 수 있도록 돕는다. 이러한 제품 혁신과 투명성 제공은 '그린하다'가 단순한 브랜드가 아닌, 지속 가능한 라이프스타일을 선도하는 실질적인 변화의 주체임을 보여주게 된다.

끝으로 소셜 미디어를 통해 브랜드 스토리를 지속적으로 공유하고 고객과의 쌍방향 소통을 강화하여 디지털 마케팅 전략을 강화한다. 이러한 방식으로 '그린하다'는 파타고니아가 보여준 길을 따라 지속 가능한 미래를 위한 실천의 롤모델이 되고자 한다. 이 전략을 통해 소비자들이 제품을 선택함으로써 지속 가능한 농업의 실천자이자 지구를 지키는 활동가가 될 수 있음을 믿으며, 이는 우리가 나아가야 할 방향을 명확히 제시한다.

성공적인 브랜드 마케팅의 상징인 파타고니아와 IT계의 '인텔 인사이드'를 넘어, '얼라이브 인사이드, 그린하다Alive Inside, GREENHADA!'의 글로벌향 마케팅의 미래가 그려진다.

2
농업에서 풀뿌리 마케팅의 저변 형성

1차 농업 분야에서 풀뿌리 마케팅은 단순한 판매 전략을 넘어서는 깊은 의미와 가치를 지니고 있다. 이 접근법은 소비자와 생산자 간의 직접적인 연결을 통해 클러스터 공동체를 강화하고 지속 가능한 농업을 촉진하는 데 중요한 역할을 한다. 풀뿌리 마케팅은 대규모 광고 캠페인이나 대형 유통망에 의존하기보다는 직접적인 대면 접촉과 소셜 미디어, 지역 유통 채널 등을 통해 제품이나 서비스를 홍보하고 판매하는 전략이다. 이 방식은 소비자인 농가에게 고품질의 제품을 제공함으로써 생산자 농민에게 직접 기술과 서비스를 지원하고 마케팅을 강화하는 데 중점을 둔다.

에코-얼라이브 농업은 세계유기농운동연맹IFOAM의 4대 원칙과 일맥상통한다. 이 원칙은 유기농 정신Organic mind이 전제되어야 하듯이 '그린하다' 정신으로 환경과 지식기술 및 경영전략을 필요로 한다. 즉, 풀뿌리 마케팅을 통한 농민은 에코-얼라이브 농업에 뜻을 갖고 주변 환경조건도 갖추어 지식과 기술도 충분하다면 차별화된 '그린하다'에 걸맞은 먹거리를 생산해 낼 수 있다. 이러한 원칙은 농업인이 경제적으로 성공할 수 있는 방법과 서로 상충되는 것이 아니라 상호보완적 관계이다. 브랜드 마케팅의 출발점이기도 하다.

'그린하다'는 지속 가능한 농업과 친환경 생활 방식에 대한 깊은 통찰을 약속한다. 이는 현대 농업의 관행과 전통적인 방식을 넘어서 우리가 일상에서 접하는 먹거리가 어떻게 생산되며 그 과정에서 토양과 환경에 어떠한 영향을 미치는지를 면밀히 검토한다. 또한 에코-얼라이브 농법이 어떻게 건강한 토양을 유지하고 결과적으로 우리의 건강을 지킬 수 있는지에 대한 실질적인 해답을 제시하고자 한다.

'그린하다'는 화학비료와 농약에 의존하는 현대 농업의 한계를 비판적으로 바라보며 유기물이 지닌 본연의 영양 공급 능력과 토양 내 미생물의 중요성을 재조명한다. 이는 식물이 필요로 하는 필수 미네랄의 다양성과 그 미네랄들이 토양과 식물, 더 나아가 우리의 식탁까지 어떻게 이동하는지에 대한 깊은 이해를 바탕으로 한다. 유기물질이 단순한 토양 개량제가 아니라 생명을 유지하는 데 필수적인 영양소의 원천임을 강조한다.

아울러 각종 합성화학제제의 사용과 이로 인한 토양 및 생태계 파괴의 심각성을 드러내고 이러한 활동이 식물의 자연스러운 성장 방식과 에너지 대사에 어떠한 부정적 영향을 미치는지에 대한 과학적인 결과를 제시한다. 이는 끝내 식물이 독성 물질을 생성하게 하며 이것이 인간에게까지 영향을 미쳐 대사 증후군과 같은 건강 문제를 일으키는 악순환으로 이어질 수 있음에 경종을 울린다.

결국 '그린하다'는 건강한 식탁을 넘어 건강한 삶과 환경을 지향

하는 모든 이들에게 영감을 준다. 그것은 친환경보다 한 발짝 더 나아가 생태친화적 농업과 생활 방식이 지구의 미래뿐만 아니라 인류의 미래에 중대한 역할을 한다는 신념에 근거한다. 이를 통해 우리가 지금 취해야 할 조치들과 우리의 먹거리와 환경에 대해 더 깊이 생각하며 더 지속 가능하고 '그린한' 삶을 향해 나아갈 수 있는 지식을 얻을 것이다.

따라서, 풀뿌리 마케팅을 통해 고객 클러스터의 강화, 지속 가능한 농업의 촉진, 교육과 인식 제고, 경제적 지속 가능성 등 다양한 영역에서 긍정적인 효과를 발휘한다. 이는 소비자인 농민들과 긴밀한 관계를 형성함으로써 클러스터 공동체의 결속력을 강화하고, 화학 비료와 농약의 사용을 줄이며, 토양의 건강과 생물 다양성을 보호하는 에코-얼라이브 농업을 장려한다. 또한 농장 방문, 혁신 농법 교육 및 컨설팅을 통해 농가는 농업 과정에 대한 이해를 높이고, 건강한 농작물 생산의 중요성을 인식하게 되며, 직접 판매를 통해 더 높은 수익을 얻을 수 있다.

풀뿌리 마케팅의 결과 미래 전망은 매우 밝으며 소셜 미디어의 발전과 함께 온-오프라인 플랫폼을 통해 생산자 농민과 소비자 간의 연결이 강화될 것으로 예상된다. 이는 기술 제품과 농산물에 대한 접근성과 인식을 높이는 데 기여할 것이며 지속 가능한 농업과 생태 살리기를 통한 먹거리에 대한 관심이 증가함에 따라 풀뿌리 마케팅의 중요성은 더욱 커질 것이다. 풀뿌리 마케팅은 생태 살리기 클러스터를 강화하고, 지속 가능한 에코-얼라이브 시스템 농업을 촉진하며, 소비자와 생산자 간의 직접적인 연결을 통해 농업 경제를 활성화하는 중요한 역할을 수행하고 있다. 이러한 접근 방식은 앞으로도 계속해서 성장할 것이며 일선 농민과 소비자 그리고 지구촌 전체에 긍정적인 변화를 가져올 것이다.

3
다양한 작물의 국내외 성공 사례

농업 분야에서 국내외 성공 사례는 다양한 혁신적인 방법과 지속 가능성을 추구하는 노력을 통해 실현되었다. 에코-얼라이브 시스템 농법을 중심으로 한 '그린하다' 농업은 환경과 생태계에 미치는 영향을 최소화하고 농업 생산성을 극대화하는 방법으로 주목받고 있다. 이러한 접근 방식은 농업의 지속 가능성과 소비자에게 건강한 먹거리를 제공하는 데 중점을 두고 있다.

우리나라의 경우 1997년 리우선언의 이행을 위해 '친환경농업육성법'이 제정되었다. 친환경농업, 친환경 학교급식, 로컬푸드, 식량안보와 먹거리 계획, 공익형 직불제 확대 등은 지속가능한 농업 가치를 실현하기 위한 노력의 결과이지만 생태친화 유기농법에 대해서는 극히 미비했다. 따라서 2005년 친환경농업 선도 지자체인 양평균농업기술센터는 지역 내 농민들을 위해 화학비료 절감을 위한 친환경제제 선발시험을 거쳐 에코-얼라이브 시스템을 채택하여 지도자료로 활용하기도 했다. 2005년도 시험연구과제 결과보고서에 이어 농산물의 수량, 당도 등 품질과 토양성분변화 및 경제성 분석

[얼라이브 효모농법으로 샤인머스켓 소득 쑥쑥, 한국농어민신문, 백종운 기자]

(스마트폰 카메라를 좌측 QR 코드에 대고 있으면 잠시 후 URL
이 나타나고 그 URL을 누르면 기사가 나온다.)
http://www.agrinet.co.kr/news/articleView.html?idxno=310695

결과 좋은 평가를 받았다.

또한 고소득 작물에 대한 특화 전략은 농업의 경쟁력을 한층 더 높
였다. 샤인머스켓 포도와 같은 고품질 작물의 재배는 농민들에게 높
은 수익을 안겨 주었으며 에코-얼라이브 시스템 농법을 채택함으로
써 지속 가능한 농업 실천을 강화했다. 이러한 성공 사례들은 에코-
얼라이브 농업이 단순한 이상이 아니라 실제로 실현 가능하며 경제
적으로도 이득이 될 수 있음을 보여준다.

에코-얼라이브 시스템 농법을 통해 전국적으로 확산된 지속 가능
한 농업 실천은 농장의 품질 향상과 생태계 건강 유지에 기여했다.

이러한 실천은 소비자 신뢰를 증가시키고 프리미엄 농산물에 대한 수요를 높였으며 국내 농업의 경쟁력을 강화하는 데 큰 도움이 되었다. 스마트팜의 한계점을 뛰어넘는 스마트파밍의 도입은 첨단 생명과학 기술을 활용하여 농업의 효율성과 생산성을 향상시키는 동시에 환경 부담을 줄이는 혁신적인 방법을 제시했다. 특히 시설하우스에서 실시된 에코-얼라이브 농업 기반의 저투입-지속가능 농업^{LISA:} Low Input Sustainable Agriculture은 고질적인 연작장해와 염류집적에 대해 획기적인 대안으로 실증되어 계절에 관계없이 지속 가능한 작물 생산을 최적화하게 하여 생태농업 혁신의 좋은 예로 들 수 있다.

해외에서는 미국, 호주, 중국 등 여러 대학교와 연구소에서 다각도의 시험과 실증을 거쳐 관행재배의 문제점을 혁파하는 결과를 통해 그 유의성을 폭넓게 입증해냈다.

경제성

우리나라에서 가장 섭취율이 높은 상추 시험사례에서 살펴본 결과, 에코-얼라이브 처리구는 관행재배 대조구보다 싱싱하고 잎의 색

상이 짙었다. 또한 뿌리의 발육상태가 더욱 좋아 건실한 작황을 이루어 아래 도표와 같이 64% 증수와 53%의 조수입이 향상되었음이 조사기관에 보고되었다.

[상추 재배시험, 양평군농업기술센터, 2005]

얼라이브 처리구는 균등한 생육과 관행재배 대조구보다 싱싱하고 잎의 색상이 보다 짙음. 또한, 뿌리의 발육 상태가 더욱 좋아 건실한 작황을 이루어 조수입 향상에 크게 기여함. 특히 관행재배와 달리 작물 고유의 맛과 향이 재현됨.

실증시험 결과 (OO기술센터)	구분	수량 (kg)	조수입 (천 원)	경영비 (천 원)	소득 (천 원)
공시작물: 상추(품종: 선풍)	얼라이브 (A)	1,400	6,520	624	5,896
시험기간 '05. 5.25~8.26	관행재배 (B)	852	4,260	535	3,725
수확기간 '05. 7.26~8.26	HI(A/B)	164%	153%	116%	158%

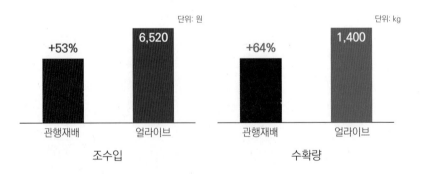

단위: 원

+53% 6,520

관행재배   얼라이브

조수입

단위: kg

+64% 1,400

관행재배   얼라이브

수확량

상품성

브로콜리 시험 결과 관행재배 대비 에코-얼라이브 농법은 A 등급 상품성의 비율이 12.6% 향상되어 매출상승에 약 50%를 견인했다. 전체적으로 살펴보면 수확량에서 29.5%, 매출로는 42% 증대되어 기술의 탁월성을 엿볼 수 있다. 공히 고유의 맛과 향이 재현되었다.

[브로콜리 재배사례, 호주, 2000]

	관행재배		얼라이브	
전체 수확량	9,033kg/ha		10,400kg/ha	
A등급	비율	총 매출	비율	총 매출
	77.0%	US$7,622	89.6%↑	US$11,485
B등급	13.6%	US$830	6.6%↑	US$520
전체 매출	US$8,452/ha		US$12,005/ha	

토양 개선

우리나라의 대표적인 집산지이자 연속재배로 유명한 성주 참외를 대상으로 에코-얼라이브 농법의 5년 연속 사용 후 토양을 분석해 본 결과는, 기존의 관행농법에서 극복하기 어려운 토양의 전기전도도[EC]와 질산태 질소의 집적 및 가리,석회, 고토 등 치환능력에서 뚜렷한 유이성을 보였다. 토양이 건강함으로써 선충 피해가 현격히 감소하였음을 참외는 물론 오이 농장에서도 확인되고 있다.

주작목 '오이' 재배에서 둘째 가라면 서러워 할 오이 농사의 대가들이
얼라이브에 매료되고 있다. "곡과나 기형과가 현격히 감소…"

[ALIVE 처리가 토양 이·화학성에 미치는 영향(실외시험)]
– 시험 전·후 토양 화학성 변화

처리	pH (1:5)	EC (dc/m)	Inorganic-N (mg/Kg)		Av. P_2O_5 (mg/Kg)	Ex . Cations ($cmol_c$/Kg)		
			NH_4^+-N	NO_3^--N		K^+	Ca^{2+}	Mg^{2+}
시험전	6.4	1.9	17.7	105.5	623	0.6	8.3	3.9
N 0.5	6.2	1.2	8.4	26.9	534	0.5	6.0	2.0
N 1	5.6	1.7	4.5	56.8	397	0.3	6.3	2.3
A+N0	6.8	0.8	2.2	3.4	661	0.9	5.9	1.9
A+N0.5	6.5	1.3	3.0	20.2	576	0.5	6.3	2.1
A+N1	6.0	0.9	1.9	16.4	446	0.4	5.7	2.1

* 일반적으로 얼라이브 처리구는 인산과 칼륨 가용능력이 뛰어나 수치가 떨어져 추가 투입 지
도하는데 본 시험은 작기 중 토양분석 미수행된 경우임. (N: 질소, A: 얼라이브)

-시험 후 용적밀도 변화 → 토양 입단화 효과

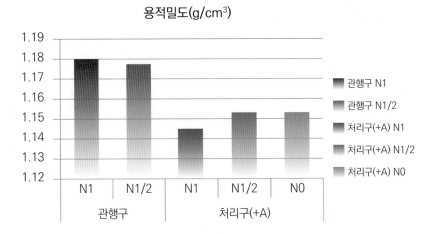

용적밀도(g/cm³)

관행구 N1
관행구 N1/2
처리구(+A) N1
처리구(+A) N1/2
처리구(+A) N0

   농업 분야에서의 이러한 다양한 성공 사례는 혁신, 지속 가능성, 환경에 대한 존중을 바탕으로 한 농업 실천의 중요성을 강조한다. 농업의 지속 가능한 발전을 위해 지속적인 혁신과 기술의 도입, 소비자와의 소통 강화 그리고 환경 보호를 위한 노력이 필요함을 상기시킨다. 이러한 사례들은 농업의 미래를 위한 영감을 제공하며 지속 가능한 농업이 국가적 차원에서 어떻게 발전할 수 있는지에 대한 방향을 제시한다.

4
소비자 교육:
살아있는 농장에서 먹거리까지

현대 사회에서 고품질의 제품을 생산하는 것은 단순한 기술이나 능력의 문제가 아니다. 그 근본에는 하나의 단순하면서도 강력한 진리가 있다. 최고의 제품을 만들기 위해서는 최고의 원료가 필요하다는 것이다. 이 원칙은 특히 우리가 매일 먹고 마시는 식품에 해당된다. 우리가 섭취하는 모든 음식의 시작점인 농산물의 품질은 맛있고 영양가 있는 음식을 만드는 데 있어 결정적인 역할을 한다.

생각해 보자. 주방에서의 마법은 재료에서 시작된다. 신선하고 풍부한 영양소를 가진 재료가 있다면 그것만으로도 이미 반쯤 성공한 것이다. 이처럼 식탁 위의 맛과 건강은 농부의 손길에서 시작된다고 해도 과언이 아니다. 이러한 이유로 식품의 질은 그것을 만드는 원재료의 질과 직결되어 있으며 이것이 바로 에코-얼라이브 시스템 기술력의 출발점이기도 하다.

전통적인 농법, 특히 화학비료를 중심으로 한 관행농법은 농산물의 양적인 증산에는 기여했을지 몰라도 토양을 고갈시키고 농작물의 영양가를 저하시키는 문제를 낳았다. 토양이 고갈되면 그곳에서 자라는 모든 식물의 품질 역시 저하될 수밖에 없다. 이는 우리의 건강과 직결되는 문제이며 우리가 매일 섭취하는 음식에 중요한 영향을 미친다.

이 문제에 대한 해결책으로 에코-얼라이브 시스템이 등장했다. 앞서 설명한 바와 같이 이 혁신적인 농법은 생명과학의 원리를 적용하여 토양 자체의 건강을 회복하고 농산물이 지닐 수 있는 모든 영양소를 최대한 활용할 수 있도록 돕는다. 미생물을 활성화하여 토양의 자연적인 비옥도를 증진시키고 화학물질에 대한 의존도를 낮추면서 식품의 영양가를 향상시킨다. 이것은 단지 농작물을 위한 것이 아니라 더 나은 먹거리와 건강한 식생활을 원하는 우리 모두를 위한 것이다.

이러한 관점에서 소비자 교육은 농장에서 먹거리까지의 여정에 대한 이해를 높이고 건강한 식습관과 지속 가능한 소비 습관을 형성하는 데 중요한 역할을 한다. 이를 통해 소비자들은 농장에서 생산되는 농산물이 어떻게 생산되고 가공되는지를 이해하고, 그에 따라 지혜롭게 소비할 수 있게 된다.

우선 농장의 작업과 농산물의 성장 과정을 이해하는 것이 중요하다. 농장은 농업 생산의 중심지로서 작물과 가축이 풍성하게 자란다. 농장에서의 생산과정을 이해하면 우리는 식물성이나 동물성 먹거리가 어떻게 만들어지는지에 대한 통찰력을 얻을 수 있다. 이를 통해 소비자 교육은 농장에서의 작업과 농산물의 성장 과정을 설명하고 생태친화적인 농업 방법과 기술적 혁신에 대한 지식을 제공함으로써 농장의 마법을 소비자에게 전달한다.

둘째, 다양한 농업 방식에 대한 이해도 중요하다. 유기농, 지속 가능한 에코-얼라이브 시스템 농업 등의 접근 방식은 화학비료와 농약의 최소화, 생태계의 보존 등을 목표로 한다. 이러한 방식이 어떻게 우리와 환경에 긍정적인 영향을 미치는지를 소비자에게 전달함으로써 건강한 먹거리와 가공 식품을 선택하는 데 도움이 된다.

셋째, 식품의 추적이 중요하다. 식품의 추적은 소비자가 먹는 먹거리의 원료가 어디서 오는지, 어떻게 가공되는지를 알려줌으로써 건강에 미치는 영향을 더 잘 이해할 수 있도록 돕는다. 또한 원료의 추적은 유전자 조작 여부, 알러지 유발 물질의 존재 등을 확인할 수 있어 소비자들이 자신의 식품 선택을 더욱 효과적으로 할 수 있도록 돕는다.

넷째, 영양의 중요성과 농산물 다양성에 대한 이해도 필요하다. 식품은 우리의 건강에 직접적인 영향을 미친다. 소비자 교육은 다양한 농산물을 섭취하고 균형 잡힌 식단을 구성하는 방법을 안내한다. 이를 통해 소비자들은 올바른 식생활 습관을 형성하게 된다.

다섯째, 식품의 안전과 보관에 대한 교육도 필요하다. 식품의 안전은 소비자에게 미치는 가장 중요한 영향 중 하나이다. 소비자 교육은 올바른 식품 보관 방법과 안전한 조리 방법을 안내하며 식품에서 발생할 수 있는 위험을 최소화하는 데 기여한다. 또한 식품의 안전성에 대한 표시를 확인하는 습관을 키움으로써 소비자들은 건강하고 안전한 식품을 선택할 수 있다.

소비자 교육은 또한 소비자들에게 자신의 권리와 역할을 인식시켜

준다. 제품의 품질, 광고의 진실성, 가격의 공정성 등에 대한 정보를 통해 소비자들은 더 나은 소비 판단을 할 수 있고, 이는 건강한 시장 경쟁과 소비자 보호에 이바지한다.

마지막으로 소비자 교육은 소비가 지속 가능성과 생태환경에 미치는 영향을 강조한다. 재활용Recycle, 새활용Upcycle, 무폐기 식품 구매 등의 습관을 형성함으로써 소비자들은 지속 가능한 소비 문화를 유도하고 환경 보호에 기여할 수 있다.

소비자 교육은 농장에서부터 먹거리가 식탁에 오르기까지의 여정에서 중요한 역할을 한다. 건강한 식습관과 지속 가능한 소비 습관을 형성하기 위해서는 농장과 먹거리의 생산과정에 대한 지식이 중요하다. 이러한 지식은 우리가 먹는 음식의 가치를 새롭게 정의하고 지혜롭게 소비하는 데 도움을 줌으로써 더 나은 미래를 향한 여정을 열어줄 것이다.

정부, 학계와 산업계는 이러한 기술을 통해 올바른 식품 생산의 기준을 설정하고 식품의 품질과 건강성을 높이는 데 협력할 수 있다. 에코-얼라이브 농법기술력은 농업뿐만 아니라 전체 식산업에 긍정적인 변화를 가져올 수 있는 선구적인 단계를 의미하며, 이는 우리의 먹거리와 관련된 모든 산업의 품질 향상을 견인할 것이다. 이 기술은 진정한 의미에서 '영양'과 '지속 가능성'이라는 두 가지 핵심 가치를 동시에 충족시키며, 이는 더 건강하고 지속 가능한 미래로 나아가기 위한 우리의 노력을 반영한다.

5
에코-얼라이브 농법 중심 브랜딩

에코-얼라이브 시스템 농법을 중심으로 한 브랜드 구축은 지속 가능한 농업의 가치를 소비자에게 전달하고, 이를 통해 더 광범위한 사회적, 환경적 변화를 이끌어내는 전략적인 접근이다. '그린하다' 농업의 마케팅 전략은 환경 보호, 생태계의 균형 및 생물 다양성의 존중이라는 핵심 가치를 반영하며, 이러한 가치는 브랜드의 모든 측면에서 일관되게 강조된다. 에코-얼라이브 시스템 농법에 기반한 '그린하다' 브랜드는 진정성 있는 스토리텔링, 지속 가능한 제품 포장, 디지털 마케팅의 혁신적 활용, 지역 커뮤니티와의 협력 등을 통해 구현된다. '인텔 인사이드'처럼 '얼라이브 인사이드' 컨텐츠로 '그린하다'를 실현하게 된다.

강력한 스토리텔링은 소비자와의 감성적인 연결을 형성하는 핵심 요소로 작용한다. 농장의 스토리, 지속 가능한 농법의 실천, 제품이 인류와 지구에 미치는 긍정적인 영향 등을 공유함으로써 소비자는 브랜드와 제품에 대한 신뢰와 충성도를 높일 수 있다. 이는 소비

자가 브랜드의 가치에 공감하고 지속 가능한 소비를 지지하는 결정을 내리게 만든다.

지속 가능한 제품 포장은 브랜드의 환경 보호에 대한 약속을 시각적으로 전달하며 소비자에게 브랜드의 에코-얼라이브 가치를 강조한다. 부차적으로 재활용이 가능하거나 생분해성 재료의 사용은 환경에 대한 브랜드의 책임감을 드러내고 소비자가 브랜드에 대해 긍정적인 인식을 형성하도록 한다.

디지털 마케팅과 소셜 미디어의 혁신적 활용은 '그린하다' 농업 브랜드의 가치와 메시지를 효과적으로 전파하는 데 중요하다. 소셜 미디어를 통한 적극적인 커뮤니케이션은 소비자와의 직접적인 소통을 가능하게 하고 지속 가능한 농업에 대한 인식을 높인다. 또한 온라인 플랫폼을 통한 콘텐츠 공유는 브랜드의 온라인 가시성을 향상시키고 소비자 참여를 촉진한다.

지역 커뮤니티와의 협력은 '그린하다' 농업 브랜드가 지역 경제에 긍정적인 영향을 미치고 지속 가능한 농업의 가치를 널리 확산할 수 있게 한다. 지역 농민 시장 참여, 지역 행사 후원, 지역 식당과의 파트너십은 브랜드의 인지도를 높이고 소비자가 브랜드를 직접 체험할 수 있는 기회를 제공한다.

결론적으로 에코-얼라이브 시스템 농법을 중심으로 한 '그린하다' 농업 브랜드 구축은 지속 가능한 농업의 가치를 전달하고 생태환경 보호 및 건강한 소비 문화를 촉진하는 전략적인 접근이다. 스토리텔링, 지속 가능한 포장, 디지털 마케팅, 지역 커뮤니티와의 협력을 통해 '그린하다' 농업 브랜드는 소비자와의 깊은 연결을 구축하고 지속 가능한 미래를 향한 긍정적인 변화를 이끌어 낼 수 있다.

에코-얼라이브 농법을 중심으로 한 브랜드 구축은 깊은 가치와 목적을 담고 있어서 농업 분야에서의 브랜드 혁신과 함께 지속 가능한 미래를 위한 긍정적인 변화를 이끌어낼 수 있다. 이를 위해 '그린하다' 농업 브랜드는 다양한 전략과 노력을 기울여야 한다.

우선, '그린하다' 농업 브랜드 구축의 시작은 에코-얼라이브 농법의 가치와 철학에 기반한다. 이러한 가치는 브랜드의 핵심 메시지와 정체성을 형성하며 모든 마케팅 전략과 커뮤니케이션의 기반이 된다. 지속 가능성, 생물 다양성 보호, 생태환경에 대한 깊은 존중은 브랜드의 DNA로 자리 잡아야 한다.

또한 강력한 브랜드 스토리텔링은 소비자의 감성에 호소하여 브랜드에 대한 신뢰와 충성도를 구축하는 데 중요하다. '그린하다' 농업 브랜드는 첨단 생명과학의 면역기술Immune Technology를 기반으로 자신의 농장 이야기, 에코-얼라이브 시스템 농법, 제품이 지구와 인류에게 미치는 긍정적인 영향 등을 공유함으로써 감성적인 연결을 창출할 수 있다.

　제품 패키지는 브랜드의 에코-얼라이브 가치를 시각적으로 전달하는 중요한 수단으로 활용되어야 한다. 재활용이 가능하거나 생분해성 재료를 사용하는 포장은 환경 보호에 대한 브랜드의 약속을 반영하며 소비자에게 강력한 메시지를 전달한다.

　디지털 마케팅과 소셜 미디어는 '그린하다' 농업 브랜드가 대중과 직접 소통하고 커뮤니티를 구축하는 데 필수적인 도구이다. 이를 통해 브랜드는 지속 가능한 농업에 대한 인식을 높이고 소비자와의 실시간 대화를 통해 신뢰를 구축할 수 있다.

　역내 커뮤니티와의 협력은 '그린하다' 농업 브랜드가 역내 경제와 사회에 긍정적인 영향을 미치며 성장하는 데 도움을 준다. 지역 내 농민 시장 참여, 역내 행사 후원, 역내 식당, 유통채널과의 파트너십 등은 브랜드의 가시성을 높이고 소비자에게 브랜드를 직접 체험할 기회를 제공한다.

　마지막으로, '그린하다' 농업 브랜드 구축은 단순히 제품을 판매하는 것 이상의 의미를 가진다. 이는 지속 가능한 미래를 향한 브랜드의 비전과 약속을 전달하며 소비자가 보다 의미 있는 소비 결정을 내릴 수 있도록 돕는다.

　에코-얼라이브 가치를 전달하는 데 주력하며 강력한 스토리텔링과 지속 가능한 포장, 디지털 마케팅, 지역 커뮤니티와의 협력을 통해 '그린하다' 농업 브랜드는 농산업 분야에서의 혁신을 이끌어내고 에코-얼라이브 미래를 위한 길을 열어 나갈 것이다.

6
'그린하다' 농업을 위한 마케팅 전략

　'그린하다' 농업을 위한 마케팅 전략은 현대 사회에서 지속 가능성과 환경 보호의 중요성이 점점 더 커지고 있는 가운데 농업의 새로운 패러다임을 제시한다. 이 전략은 소비자에게 에코-얼라이브 시스템 농업의 가치를 전달하고, 이를 통해 소비자와의 깊은 연결을 구축하기 위한 목적을 가진다. '그린하다' 농업의 핵심은 환경에 미치는 부정적인 영향을 최소화하며 생물 다양성을 보호하고 자연과의 조화를 추구하는 것이다. 이러한 가치는 마케팅 전략 전반에 걸쳐 강조된다.

　스토리텔링을 통한 감성적인 연결은 소비자들이 '그린하다' 농업 제품과 더 깊이 공감하고 연결될 수 있게 하는 핵심 전략이다. 농장의 스토리, 지속 가능한 농법을 통한 생산 과정, 제품이 지닌 특별한 이야기를 공유함으로써 소비자들은 단순한 제품을 넘어 그 뒤에 있는 철학과 가치에 공감하게 된다. 이 과정에서 소비자들은 지속 가능한 소비의 중요성을 자연스럽게 이해하고 지구 생태환경 보호에 기여하는 구매 결정을 내리게 된다.

투명성과 신뢰 구축은 소비자들이 제품의 출처와 생산 과정에 대한 정확한 정보를 요구하는 현대 소비 트렌드에 부응하는 전략이다. 제품 라벨링, 웹사이트 공개, 소셜 미디어를 통한 실시간 소통은 모두 이러한 투명성을 제공하는 도구로 작용한다. 특히 유기농 인증, 지속 가능한 생태농업 관련 자체인증 등은 소비자의 신뢰를 더욱 증진시킨다.

디지털 마케팅과 소셜 미디어의 활용은 '그린하다' 제품의 홍보와 판매 채널을 다양화하고 확장하는 중요한 수단이다. 인스타그램, 페이스북, 유튜브 등을 통한 적극적인 커뮤니케이션은 소비자들과의 접점을 늘리고 제품의 가치와 특징을 효과적으로 전달할 수 있다. 이러한 플랫폼에서 공유되는 사진, 동영상, 사용 후기는 소비자 참여를 촉진하고 브랜드 인지도를 높일 수 있다.

클러스터와 커뮤니티와의 협력은 지역 사회 내에서 '그린하다' 농업 제품의 인지도를 높이고 지속 가능한 농업에 대한 인식을 증진시키는 데 중요하다. 지역 행사, 농민 시장, 클러스터 기반의 프로모션 활동은 소비자들에게 직접 만나고 경험할 기회를 만들며 이는 소비자의 충성도와 장기적인 고객 관계를 구축하게 한다.

교육과 체험 마케팅은 소비자들이 지속 가능한 생태농업의 중요성을 깊이 이해하고 직접 체험할 수 있는 기회를 줌으로써 지속 가능한 소비 문화를 조성할 수 있도록 한다. 워크숍, 세미나, 농장 방문 등은 소비자들에게 지속 가능한 농업에 대한 직접적인 경험을 제공하며, 이를 통해 소비자들은 지속 가능한 제품에 대한 관심과 소비를 촉진하게 된다.

'그린하다' 농업을 위한 마케팅 전략은 단순히 제품을 판매하는 것을 넘어 소비자에게 지속 가능한 소비의 중요성을 전달하고 환경 보호와 생태계의 건강을 위한 노력을 전파한다. 이러한 전략을 통해 '그린하다'는 더욱 확산될 것이며, 이는 우리 모두가 지향해야 할 지속 가능한 미래를 향한 중요한 발걸음을 내딛을 수 있게 한다.

'그린하다' 전략은 그린워싱에 가려진 그린의 진면목을 구현하는 '그린온그린Green on Green'이라는 에코-얼라이브 농업의 가치를 소비자에게 전달하여 소비자와의 강한 연결을 형성하는 것을 중점으로 한다. 이를 위해 다양한 전략이 사용되며 '그린하다' 농업의 핵심 가치를 강조하고 제품의 차별화된 특징을 부각시키는 데 주력하게 된다.

먼저 스토리텔링을 통한 감성적 연결은 '그린하다' 제품의 마케팅에서 핵심적인 전략 중 하나이다. 소비자들은 제품을 구매할 때 제품의 이야기와 브랜드의 가치에 감정적으로 연결되기를 원한다. '그린하다'는 농장의 이야기, 지속 가능한 농업 방식, 제품 생산 과정 등을 강조하여 소비자들과의 감성적인 연결을 형성한다.

또한 제품의 투명성과 신뢰를 구축하는 것이 중요하다. 소비자들은 제품의 출처와 생산 과정에 대해 더 많은 정보를 요구하고 있다. 따라서 '그린하다'는 제품 라벨링, 웹사이트, 소셜 미디어를 통해 제품의 생산 과정과 농장 정보를 공유하여 소비자들의 신뢰를 얻는다.

디지털 마케팅과 소셜 미디어는 '그린하다' 제품 및 후속 출시될 지속 가능한 라이프 스타일 제품을 홍보하고 소비자와의 직접적인 소통을 도모할 수 있다. 인스타그램, 페이스북, 유튜브 등의 플랫폼을 활용하여 제품 사진, 동영상, 사용 후기 등을 공유함으로써 '그린하다'의 가치를 소비자들에게 보다 쉽게 전달할 수 있다.

뿐만 아니라 클러스터와 커뮤니티와의 협력은 '그린하다' 제품^{신선} 농산물과 기능성 고부가 가공 식품과 후속 상품의 마케팅에서도 중요하다. 지역 커뮤니티와의 협력을 통해 제품의 인지도를 높이고 지역 경제에 기여함으로써 지속 가능한 발전을 이루는 데 기여한다.

또한 소비자 교육과 체험 마케팅은 '그린하다' 제품과 연관 제품의 마케팅에서 중요한 전략 중 하나이다. 워크숍, 세미나, 농장 방문 프로그램 등을 통해 소비자들에게 '그린하다'의 가치와 중요성을 교육하고 직접 체험할 수 있는 기회를 제공함으로써 제품에 대한 관심과 신뢰를 촉진한다.

'그린하다'를 위한 마케팅 전략은 단순히 제품을 홍보하는 것을 넘어서 소비자들과의 강한 연결을 형성하고 에코-얼라이브 농업의 가치를 보다 효과적으로 전달하는 데 초점을 맞추고 있다. 이러한 전략을 통해 '그린하다' 농업은 더 많은 소비자들에게 인지도를 확대하고 에코-얼라이브 미래를 향한 중요한 발걸음을 내딛을 것이다.

7

농업 마케팅에서 디지털 미디어 활용

디지털 미디어의 도입은 농업 마케팅 분야에 혁신적인 변화를 가져왔으며, 이는 농업 기업과 농부들이 글로벌 시장에서 경쟁력을 갖추고 다양한 소비자 그룹과 효과적으로 소통할 수 있는 새로운 길을 열어 주었다. 소셜 미디어 플랫폼의 활용에서부터 자체 웹사이트와 이커머스e-commerce의 발전, 콘텐츠 마케팅의 중요성 증대, 이메일 마케팅의 지속적 활용 그리고 데이터 분석을 통한 타겟 마케팅의 세밀화에 이르기까지, 디지털 미디어는 농업 마케팅의 모든 측면에서 중대한 역할을 하고 있다.

디지털 미디어를 통한 마케팅 전략의 핵심은 소비자와의 직접적이고 개인화된 소통이 가능해졌다는 것이다. 이는 농업 제품의 가치를 소비자에게 효과적으로 전달하고, 소비자의 피드백을 실시간으로 받아들여 개선점을 찾고 신제품 개발에 반영할 수 있는 기회를 제공한다. 또한 온라인 플랫폼을 통해 다양한 배경과 관심을 가진 소비자들에게 도달할 수 있으며 글로벌 시장에서의 입지를 강화할 수 있다.

콘텐츠 마케팅은 브랜드 스토리텔링과 소비자 참여를 증대시키는 주요 전략 중 하나로 자리 잡았다. 교육적인 블로그 포스트, 웹툰, 매력적인 이미지, 동영상 등을 통해 농업 기업은 자신의 철학과 지속 가능성에 대한 약속을 소비자와 공유할 수 있다. 이러한 콘텐츠는 소비자에게 유용한 정보를 제공함과 동시에 브랜드에 대한 신뢰와 충성도를 구축한다.

데이터 분석의 활용은 농업 마케팅 전략을 더욱 세밀하고 효과적으로 만든다. 소비자 행동 패턴, 구매 선호도, 온라인 상호작용 등의 데이터를 분석함으로써 마케팅 캠페인을 최적화하고 ROI^{투자 대비 수익}를 극대화할 수 있다. 또한 타겟 마케팅을 통해 특정 소비자 그룹에 맞춤형 메시지를 전달함으로써 마케팅 효과를 높일 수 있다.

이메일 마케팅은 소비자와의 지속적인 관계 구축에 중요한 역할을 한다. 정기적인 뉴스레터 발송, 맞춤형 프로모션 제공, 신제품 정보 공유 등을 통해 소비자의 관심을 유지하고 장기적인 관계를 맺도록 한다.

종합해 볼 때 디지털 미디어의 활용은 농업 마케팅 전략을 근본적으로 변화시켰으며 농업 기업과 농부들이 전 세계 소비자와 직접 소통할 수 있는 새로운 기회를 제공하고 있다. 지속적인 학습과 혁신을 통해, 농업 마케팅 전략은 계속해서 발전할 것이며, 이는 농업 기업의 성공과 지속 가능한 농업의 미래에 기여할 것으로 기대된다.

8
고부가 기능성 식품 차별화 가능

공산업계에서 재료의 질이 곧 최종 제품의 품질을 결정한다는 사실은 널리 받아들여지고 있다. 이 같은 원칙은 농업 분야에도 그대로 적용된다. 우리가 소비하는 식품의 기본이 되는 농산물의 품질이 식산업 전반의 질을 좌우한다고 할 수 있다. 따라서 농산물의 생산 과정과 결과물을 면밀히 분석하는 것은 농식품 산업에 있어 중대한 과제이다.

화학비료와 관행농법은 일시적인 생산성 향상을 가져올 수 있으나 장기적으로는 토양의 건강성을 해치고 농산물의 영양 가치를 감소시키는 문제를 안고 있다. 이에 비해 에코-얼라이브 농법은 생명과학에 기반을 둔 혁신적 기술을 통해 토양의 생태계를 복원하고 농산물 본연의 영양성을 강화하는 방향으로 발전하고 있다. 이 농법은 토양의 자연 미생물을 활성화하고 화학물질의 의존도를 줄이면서 농산물의 영양소를 극대화하여 건강한 식품을 생산할 수 있도록 한다.

에코-얼라이브시스템 농법을 기반으로 한 고기능성 식품의 개발은 현대 소비자의 건강과 환경에 대한 관심이 증가함에 따라 중요한 추세로 자리 잡고 있다. 이러한 식품들은 지속 가능한 농업 관행을 통해 얻어진 고품질의 원재료를 사용함으로써 뛰어난 영양가와 기능성을 제공한다는 점에서 차별화된다. '요리가 재료를 이길 수 없다'는 명제는 이러한 고기능성 식품 개발의 핵심 철학으로 재료의 질이 최종 요리의 품질을 좌우한다는 것을 강조한다. 에코-얼라이브 농법은 이 명제를 실현하기 위한 이상적인 기술로서, 화학비료나 농약을 최소화하고 자연과의 조화 속에서 재배된 농산물을 통해 소비자에게 건강과 환경을 동시에 고려한 식품 선택을 가능하게 한다.

에코-얼라이브 시스템 농법을 통해 재배된 농산물을 이용한 고기능성 식품은 다양한 형태로 소비자에게 다가간다. 예를 들어 항산화제가 풍부한 유기농 베리류는 면역력 강화와 노화 방지에 기여하는 슈퍼푸드로 스무디나 건강 보조 식품으로 가공되어 소비자의 건강한 생활을 지원한다. 또한 프로바이오틱스가 풍부한 유기농 김치와 같은 발효 식품은 장 건강을 증진시키는 기능성 식품으로 소비자에게 인기가 높다. 이외에도 유기농 커피와 차는 천연 항산화제와 필수 영양소를 보존하면서도 화학비료와 농약의 잔류물 없이 안전하게 소비할 수 있는 건강한 음료 옵션을 제공한다.

실제로 콩과 포도를 이용한 가공식품은 전문 가공업자들로부터 깊은 풍미를 높이 사서 지금도 이용하고 있다. 다른 식품과는 달리 콩을 이용한 두부와 콩물, 포도를 이용한 와인은 깊이 있는 맛과 향이 품질을 좌우하기에 수제업자들의 평가를 높이 사고도 남는다. 또한 우리나라의 대표 식품인 김치의 경우 30여 년간 자신의 레시피를 최고로 자부하던 장인이 배추와 고춧가루 원료의 차별성 품질에 예전 어렸을 적 어머니의 손맛을 찾았다고 일성을 터뜨렸다. 많은 양념이 없던 시절의 그 원물의 깊은 맛을 되찾은 사례이다. 좋은 양념도 중요하지만 이 못지않게 천연 원료의 맛을 뛰어넘을 수 없다는 고백에 가까운 탄성을 지르며 에코-얼라이브 농업에 매료되어 있다.

이 외에도 셀 수 없는 사례가 많기에 이러한 차별화된 원료를 이용하는 고기능성 식품 개발은 소비자들에게 단순히 건강한 식품을 넘어서 환경에 미치는 영향을 줄이고 지속 가능한 생태농업을 지원하는 선택을 할 수 있는 기회를 제공한다. 소비자는 이러한 식품을 선택함으로써 자신의 건강을 증진시킬 뿐만 아니라 환경 보호에도 동참할 수 있다. 또한 에코-얼라이브 시스템 농법으로 재배된 농산물을 이용한 프리미엄 식품 개발은 농업과 식품 산업에서 지속 가능한 발전을 위한 중요한 전략으로 앞으로 더 많은 혁신과 발전이 기대된다.

요리와 재료의 관계에서 볼 때 에코-얼라이브 시스템 농법으로 재배된 고기능성 식품은 재료 본연의 맛과 영양을 최대한 살리며 요리의 질을 높이는 방향으로 나아가게 한다. 이는 요리사들이 재료의 품질에 더 많은 주목을 하게 만들며 소비자들에게도 식품 선택 시 건강과 환경을 동시에 고려하는 소비 행동을 장려한다. 결국 에코-얼라이브 시스템 농법을 통해 재배된 농산물을 활용한 고기능성 식품 개발은 건강, 영양, 환경 보호를 모두 고려한 지속 가능한 농업과 식품 소비의 미래를 형성하는 데 중요한 역할을 할 것으로 기대된다.

또한 정부, 학계, 산업계가 협력하여 지속 가능한 식산업의 발전을

도모하고 올바른 먹거리를 생산하는 데 중요한 발걸음이 될 수 있다. 이 기술력은 농업의 현대화와 함께 환경적 책임을 이행하며 농업 생산성의 질적인 향상을 추구한다. 이러한 혁신적 접근은 소비자들에게 높은 품질의 식품을 제공함으로써 건강하고 지속 가능한 식생활 문화를 조성할 것이다.

농식품 산업의 미래는 에코-얼라이브와 같은 생명과학 기반 기술에 달려 있다고 할 수 있다. 이 기술은 토양과 환경에 대한 깊은 존중과 농산물의 품질 향상이라는 공통된 목표를 바탕으로 농업과 식품 산업이 나아갈 방향을 제시한다. 이는 모든 이해 관계자들에게 새로운 기준을 제시하고 산업계 전반의 혁신을 촉진할 것으로 기대된다.

9

농식품 마케팅의 글로벌 브랜드

　현대 농식품 마케팅은 전 세계적으로 환경 보호, 사회적 책임, 건강 및 웰빙에 대한 소비자들의 증가하는 인식에 크게 영향을 받고 있다. 이러한 글로벌 트렌드는 농식품 산업의 미래 방향을 결정하는 중요한 역할을 하며 브랜드들은 이러한 변화에 적응하고 소비자들의 요구를 충족시키기 위한 다양한 전략을 구사하고 있다. 지속 가능성과 윤리적 소비의 증가는 브랜드들로 하여금 유기농 제품, 공정무역 인증 제품, 친환경 포장 등을 도입하게 만들며, 이는 소비자들에게 책임감 있는 선택을 제공한다.

　기술의 통합과 디지털 마케팅의 발전은 브랜드들이 소비자의 구매 패턴과 선호도를 더욱 정확하게 분석할 수 있게 해주고 맞춤형 마케팅 전략을 개발하는 데 도움을 준다. 소셜 미디어, 인플루언서 마케팅, 온라인 플랫폼을 통한 직접 판매는 브랜드가 소비자에게 도달하고 제품을 홍보하는 데 중요한 수단이 되었다.

　건강과 웰빙에 대한 전 세계 소비자들의 관심이 증가하면서 슈퍼

[차별화 농식품 홍보, 2005 Korean Agriculture Fair in Hong Kong]

푸드, 비건 및 식물 기반 식품, 기능성 식품 등 건강을 강조하는 농식품 제품이 인기를 얻고 있다. 이러한 트렌드는 소비자들에게 건강한 생활 방식을 제안하며 제품 개발과 글로벌 마케팅 전략에 중요한 영향을 미친다.

차별화 전략 요소로 '요리가 재료를 이길 수 없다'는 명제는 식재료의 질이 최종 요리의 품질을 결정한다는 전통적인 믿음에서 비롯된다. 불멸의 진리나 다름없는 현대 농업과 연결 지어 '재료를 이길 수 있는 요리는 없다'는 관점에 가장 부합된 에코-얼라이브 농업이 구체적인 구현 방법으로 제시되고 있다. 이 시스템은 농업이 단순히 식량을 생산하는 행위를 넘어 영양가 높은 식재료를 기르는 과학적이고 생태적인 접근 방식을 추구한다.

이러한 시스템을 바탕으로 '그린하다'는 풍부한 영양성과 지속 가능한 농법이 어떻게 현대 사회의 식품 안전성과 건강에 기여할 수 있는지에 대한 포괄적인 논의를 제공한다. 이로써 우리들에게 식탁 위의 접시가 단순한 음식을 넘어 건강과 환경에 미치는 영향력을 이해하는 데 도움을 줄 것이다. 에코-얼라이브 시스템 농업의 과학적이고 혁신적인 접근은 단순한 농업의 진화를 넘어 우리가 먹는 모든 것에 대한 근본적인 변화를 가져올 것으로 기대된다.

또한 로컬리즘과 지역 브랜딩의 부상은 소비자들이 지역 공동체를 지원하고 지역 경제를 활성화하기 위해 지역에서 생산된 식품을 선호한다는 것을 보여준다. 브랜드들은 지역의 특색과 이야기를 마케팅에 통합하여 제품의 독특성을 강조하고 소비자와의 감성적 연결을 구축하고 있다.

제품의 출처와 제조 과정에 대한 투명성은 소비자 신뢰를 구축하는 데 핵심적인 요소가 되었으며 브랜드들은 제품 라벨, 웹사이트, 모바일 앱 등을 통해 이러한 정보를 제공하고 있다. 이러한 노력은 소비자와의 신뢰 관계를 강화하며 장기적인 브랜드 충성도를 구축하는 데 중요한 역할을 한다.

농식품 마케팅의 글로벌 트렌드는 소비자들의 지속 가능한 선택, 건강과 웰빙에 대한 관심, 로컬리즘에 대한 선호, 제품 정보에 대한 투명성 요구 등을 반영하고 있다. 이러한 트렌드에 부응하는 브랜드들은 경쟁력을 유지하고 소비자의 변화하는 요구에 효과적으로 대응할 수 있을 것이다. 따라서, 농식품 산업의 미래는 이러한 글로벌 트렌드를 기반으로 혁신하고 소비자와의 지속 가능한 관계를 구축하는 방향으로 나아갈 것으로 예상된다.

글로벌시대에 글로벌하게 생각하고 로컬하게 행동하되 에코-얼라이브로써 실행하라고 했다. 교통, 통신, 무역의 발달로 첨단 기술력 바탕으로 로컬에 충실하면 글로벌시장 진출에 필요한 글로벌 브랜드의 부상과 글로벌 마케팅 전개도 어렵지 않게 달성할 수 있을 것이다. 이의 일환으로 에코-얼라이브Eco-Alive, 그린온그린Green on Green, 그린하다GREENHADA도 세상에 출현했고 머지않아 그 철학에 어울리는 제품들이 글로벌 시장에 출시될 것이다.

10
농업 마케팅에 대한 정책 및 규제의 영향

정책과 규제는 농업 마케팅 환경을 형성하고 조성하는 데 있어 결정적이며 이는 농업 기업과 농민들이 시장에 진입하고 제품을 판매하는 방식에 큰 영향을 미친다. 이러한 정책과 규제는 농업의 생산성과 수익성을 높이는 것을 목표로 하면서도 동시에 소비자 보호, 공정한 경쟁의 촉진, 환경 보호 등 다양한 목적을 위해 설정된다. 특히 식품의 안전성과 품질, 광고 및 라벨링의 기준, 수출입 규제, 가격 정책 등은 농업 마케팅에 직접적인 영향을 미치는 핵심 요소들이다.

소비자 보호는 농업 마케팅에 적용되는 정책과 규제의 핵심적인 영역 중 하나이다. 소비자가 안전하고 건강한 식품을 구매할 수 있도록 보장하는 식품 안전 및 품질 기준은 소비자의 신뢰를 구축하고 시장에서 제품의 경쟁력을 강화한다. 이와 더불어 정확한 라벨링과 광고 규제는 소비자가 정보에 기반한 구매 결정을 내릴 수 있도록 돕는 중요한 역할을 한다.

또한 정책과 규제는 농업 제품의 시장 접근성과 경쟁 환경에 영향

을 미친다. 국제 시장에서 농업 제품의 경쟁력을 결정하는 중요한 요소로 작용하는 수출입 규제와 관세, 소규모 농가나 친환경 농업을 장려하여 시장 내 다양성을 증진시키는 지원 정책과 보조금은 시장 접근성과 경쟁에 직접적인 영향을 준다.

환경 보호는 농업 마케팅에 적용되는 정책과 규제의 또 다른 중요한 측면이다. 친환경 농업 관행을 촉진하고 유기농 제품의 인증, 지속 가능한 포장 규제 등은 환경에 미치는 영향을 줄이고 에코-얼라이브 농업을 장려한다. 이러한 규제는 소비자에게 지속 가능한 선택을 제공하며 농업 마케팅 전략에 지속 가능성을 통합할 것을 장려한다.

혁신과 기술 발전 역시 정책과 규제에 의해 영향을 받는다. 연구 개발 지원, 기술 혁신에 대한 보조금, 디지털 농업의 활성화를 위한 규제 환경 등은 농업 기업이 새로운 기술을 도입하고 마케팅 전략을 혁신하는 데 필수적이다. 이러한 정책과 규제 환경은 농업 마케팅의 효율성과 효과성을 높인다.

이처럼 정책과 규제는 농업 마케팅 환경을 형성하는 핵심적인 요소로 작용하며 농업 기업과 농민들이 시장에서 성공적으로 활동할 수 있도록 지원한다. 소비자 보호, 시장 접근성, 환경 보호, 혁신 촉진 등 다양한 영역에서의 역할을 통해 농업 마케팅 전략의 개발과 실행에 광범위한 영향을 미치며 농업 마케팅을 수행하는 기업과 개인은 이러한 정책과 규제의 변화를 주시하며 적응하는 전략을 수립하는 것이 중요하다. 이를 통해 농업 마케팅은 지속 가능하고 공정한 방식으로 발전할 수 있으며 농업 분야의 지속 가능한 성장과 사회적, 환경적 책임을 동시에 추구할 수 있는 기회를 얻게 된다.

Justice

5장
정의로운 미래 만들기

인류와 자연 생태는 뗄 수 없는
공생공존의 관계

정의로운 미래 만들기는 지속 가능한 농업을
통해 이루어지고 정의로운 농업은 토양과 생
태계를 보호하며 모두에게 이로운 먹거리 시스
템을 구축하여 인간과 자연의 조화로운 공존을
추구하는 것이 우리 모두가 건강하고 지속 가
능한 미래를 만들어 가는 길이다.

1

그린워싱 & ESG워싱
Green Washing & ESG Washing

현대 사회에서 지속 가능한 발전과 사회적 책임을 다하는 일이 기업과 조직에게 점점 더 중요해지고 있다. 이러한 배경 속에서 '그린하다' 농업과 에코-얼라이브 농법과 같은 지속 가능한 농업 실천은 그린워싱과 ESG워싱이라는 현대적 도전에 대한 근본적인 해결책을 제시한다. 환경Environment, 사회Social, 지배구조Governance의 세 가지 핵심 요소를 중심으로 한 ESG 기준은 기업과 조직이 얼마나 지속 가능하고 사회적 책임을 다하며 운영되고 있는지를 평가하는 중요한 척도로 자리잡고 있다.

'그린하다' 농업과 에코-얼라이브 농법은 환경 보호와 생태계 복원, 자원 효율성과 에너지 절약을 기본 원칙으로 삼고 있다. 이러한 원칙은 화학비료와 농약의 사용을 최소화하고 유기물을 재활용Recycle을 넘어 새활용Up-cycle하는 것에서부터 시작된다. 또한 생태계에 미치는 영향을 최소화하며 자연의 원리를 최대한 존중하려는 노력을 통해 환경적 책임을 다한다. 이는 ESG의 '환경' 요소에 직접적으로 기여하며 환경 보호와 지속 가능한 자원 사용을 통한 기후 변화 완화와 탄소중립 달성에 중요한 역할을 한다.

사회적 측면에서 이러한 농법은 지역 사회와의 긴밀한 연결을 통해 공동체 내에서 지속 가능한 생활 방식을 장려하며 농민의 권리 보호와 공정한 무역 실천을 통해 사회적 가치를 창출한다. 이는 ESG의 '사회' 요소에서 기업과 조직이 어떻게 사회적 영향을 미치는지 평가하는 데 도움을 준다.

지배구조 측면에서는 지속 가능한 농업 실천이 조직의 투명성과 책임성을 강화한다. 이는 지속 가능한 농업 목표 달성을 위한 전략, 정책, 실행 계획의 수립 및 모니터링과 직결되며 조직의 지속 가능한 운영 방향을 제시한다.

이러한 지속 가능한 농업 실천을 확대하기 위해 교육과 의식 제고, 사례 연구와 성공 사례의 공유, 협력과 파트너십의 촉진이 필요하다. 이를 통해 대중, 기업, 정책 입안자들에게 에코-얼라이브 농업이 ESG 목표 달성에 어떻게 기여할 수 있는지를 알리고 실질적인 변화를 이끌어낼 수 있다.

'그린하다'와 에코-얼라이브 농법은 환경적, 사회적, 경영적 책임을 다하는 동시에 지속 가능한 성장을 추구하는 기업과 조직에게 중요한 해결책을 제공한다. 이러한 접근 방식은 ESG의 핵심 가치와 완벽하게 연결되어 있으며 지속 가능한 미래로 나아가는 길을 제시한다. 국가기관은 물론이거니와 기업과 조직은 이러한 혁신적인 접근 방식을 채택함으로써 사회적 책임을 다하고 지속 가능한 발전을 추구할 수 있다.

2
정의로운 농업의 철학

이 철학은 단순히 환경을 보호하고 자원을 지속 가능하게 관리하는 것을 넘어서 농업 과정 전반에 걸쳐 정의와 평등을 실현하는 것을 목표로 한다. 정의로운 농업은 땅을 대하는 태도, 작물을 재배하고 수확하는 방식 그리고 농산물을 소비하는 우리 모두의 관계에 깊은 의미를 더한다.

농업은 인류가 자연과 상호작용하는 가장 오래되고 기본적인 방식 중 하나이다. 그러나 현대 사회에서는 대규모 산업화 농업이 지배적이 되면서 토지의 과도한 이용, 환경 오염, 생물 다양성의 손실과 같은 여러 부작용을 낳았다. 이러한 문제들은 단순히 생태계에 대한 것만이 아니라 농민과 소비자, 사회에까지 영향을 미치는 광범위한 사회적 문제이다.

정의로운 농업의 철학은 이러한 문제에 대한 반성에서 시작해야 한다. 이 철학은 모든 생명체와 지구가 공존할 수 있는 농업 방식을 모색하며 농업이 단지 수확량을 극대화하는 수단이 아니라 생태계의 건강, 사회적 공정성, 경제적 지속 가능성을 동시에 추구하는 활동임을 강조한다. 정의로운 농업은 농민이 자신의 땅과 작물에 대해 깊은 책임감을 가지고 관리할 수 있는 환경을 조성하고 소비자에게는 지속 가능하고 윤리적으로 생산된 농산물에 대한 선택권을 건넨다.

이 철학은 또한 농업 과정에서의 평등한 참여와 혜택의 분배를 역설한다. 모든 커뮤니티 구성원이 식량 생산과 소비 과정에 참여하고 그 혜택을 공정하게 나눌 수 있는 시스템을 구축하는 것이다. 이를 위해서는 지역 사회와 농민이 직접 참여하는 결정 과정, 투명하고 공정한 시장 접근 그리고 지속 가능한 농법을 채택하는 것이 필수적이다.

정의로운 농업의 실현은 단순히 농업 기술의 혁신만이 아니라 농업을 둘러싼 정책, 경제, 사회 구조의 변화를 요구한다. 이는 지역

사회의 강화, 환경 보호 그리고 더 나은 미래를 향한 지속 가능한 발전으로 이어진다. 정의로운 농업은 우리가 먹는 음식의 출처를 이해하고 농민과 자연에 대한 존중을 바탕으로 한 선택을 하는 것에서 시작된다.

정의로운 농업의 철학은 우리 모두에게 더 나은 미래를 만들 수 있는 힘과 책임이 있다는 것을 상기시킨다. 이는 우리가 지구를 어떻게 대하고 우리의 일상 속에서 어떤 선택을 하는지에 대한 근본적인 질문을 던진다. 정의롭고 지속 가능한 농업 방식을 통해 우리는 더 건강한 환경, 더 강한 커뮤니티와 함께 모두에게 공정한 기회가 주어지는 사회를 만들어 갈 수 있다. '그린하다'는 이러한 변화를 향한 첫걸음을 내딛는 것을 의미하며 정의로운 농업의 철학은 우리가 나아가야 할 방향을 명확히 제시한다.

3
농업에서 경제와 생태의 교차점

농업은 경제적 번영과 생태계의 건강을 동시에 추구하는 중요한 활동으로 우리 사회에서 빼놓을 수 없는 중심축을 이룬다. 이러한 중심축에서 경제와 생태는 서로 대립하는 것이 아니라 상호 보완적인 관계를 형성할 수 있는 잠재력을 갖고 있다. 이 두 요소 사이의 균형을 찾는 것은 단지 가능한 일이 아니라 현대 농업의 필수적인 과제가 되고 있다.

경제적 측면에서 농업은 식량 생산과 함께 지역 경제의 활력소 역할을 하며 수익 창출과 일자리 제공을 통해 사회의 다양한 층에 기여한다. 이 과정에서 농업은 농산물의 생산성과 품질을 높이는 동시에 시장의 요구에 부응하며 경쟁력을 강화해야 한다. 경제적 가치를 추구하는 것이 농업 활동의 근본적인 목표 중 하나이지만, 이 과정에서 발생하는 환경적 영향과 생태계의 균형을 고려하는 것도 중요하다.

생태적 측면에서는 농업이 자연환경과 어떻게 조화를 이루며 지속 가능한 방식으로 식량을 생산할 수 있을지가 주요 관심사다. 화학비료와 농약의 과도한 사용, 토양 침식, 물 사용의 비효율성 등은 생태계에 부정적인 영향을 미치며, 이러한 문제들에 대응하기 위한 에코-얼라이브 농업 방식의 도입이 점차 중요해지고 있다. 이와 더불어 생물 다양성의 보존과 생태계 서비스의 강화는 농업이 지향해야 할 또 다른 중요한 목표가 된다.

농업의 경제와 생태 사이의 교차점에서 지속 가능한 균형을 찾기 위해서는 혁신과 기술의 도입이 필수적이다. 유기농법, 정밀 농업, 물 절약 기술 등은 경제적 효율성과 환경적 지속 가능성을 동시에 달성할 수 있는 방법론을 제공한다. 이러한 접근 방식은 농업이 당면한 생태학적 도전에 대응하는 동시에 경제적 기회를 창출하는 데 기여할 수 있다.

농업에서 경제와 생태의 교차점에서 균형을 찾는 것은 다각도의 협력과 학제적 접근을 요구한다. 정부, 농업인, 학계, 비영리 기관 등 다양한 이해관계자들이 함께 협력하여 지속 가능한 농업 전략을 개발하고 실행해야 한다. 이러한 공동의 노력은 농업이 경제적 성장을 추구하는 동시에 생태계 보호와 환경 보전에 도움이 될 것이다.

결국 농업에서 경제와 생태 사이의 교차점에서의 균형 찾기는 지속 가능한 미래로 나아가기 위한 필수적인 과제이다. 이를 통해 농업은 식량 생산의 필요성을 충족시키는 동시에 지구의 건강을 보호하고 보존하는 방향으로 전진할 수 있을 것이다. 지혜롭고 학제적인 접근을 통해 농업은 경제적 번영과 생태계의 건강 사이에서 지속 가능한 균형을 찾아 나갈 수 있으며, 이는 우리 모두의 미래를 위한 지속 가능한 길을 제시할 것이다.

4
근본적인 해결책으로서의
'그린하다' 농업

현대 사회에서 지속 가능성의 중요성이 점점 커지고 있는 가운데 농업 분야에서는 환경 친화적이면서도 효율적인 농업 체계인 '그린하다'가 각광받고 있다. 이러한 농업 방식은 환경 보호와 생태계 보전을 바탕으로 하며 화학비료와 농약의 사용을 최소화하고 자연의 원리를 존중하는 데 중점을 둔다. 또한 자원 효율성과 에너지 절약을 중요시하고 재생 가능한 에너지의 활용과 농업 장비의 스마트 활용을 통해 농업의 지속 가능성을 높이려고 한다.

'그린하다' 농업의 혁신적인 접근 방식 중 하나는 유기물의 새활용 Up-cycle을 통한 순환 경제의 구축이다. 이 방식은 유기물을 자연 선순환 시스템의 일부로 만들어 토양을 영양분으로 보충하고, 폐기물을 감소시키는 데 중점을 둔다. 혁신적인 농업 기술의 도입은 농업 생산성을 높이고 환경에 미치는 영향을 최소화한다. 신 개념 비료시스템, 스마트 방출 메커니즘, 에코-얼라이브 농법을 활용한 작물 관리와 생산 최적화는 '그린하다'의 핵심 기술로 부상하고 있다.

지역사회와의 공생 관계도 '그린하다' 농업의 중요한 측면이다. 지역의 특성을 고려한 농업 방식은 지역의 생태계와 조화를 이루고 지역 경제에 기여함으로써 지속 가능한 생태계를 구축한다. 이는 프리미엄급 고품질 농산물의 직거래를 촉진하고 생산자와 소비자 간의 직접적인 연결을 통해 생산자가 공정한 가격을 받을 수 있도록 지원한다.

기후 변화 대응과 식량 안보 강화는 '그린하다' 농업이 해결해야 할 주요 과제 중 하나이다. 이는 기후에 민감한 농업 생산을 최소화하고 지속적이고 안정적인 식량 공급을 목표로 한다. 또한 글로벌 농업 시장에서의 지속 가능성 강화는 국제사회 간의 협력과 공정한 무역을 통해 이루어진다. 이러한 글로벌 협력은 지구 전체의 농업 생산이 지속 가능하게 이루어질 수 있도록 노력한다.

미래의 '그린하다' 농업은 기술의 발전과 협력의 확대를 통해 더욱 발전할 것으로 보인다. 혁신적인 기술의 도입은 생산성을 향상시키는 동시에 환경에 미치는 영향을 최소화하며 국제적인 지식 교류와 협력의 강화는 글로벌 농업 생태계에 긍정적인 영향을 미칠 것으로 예상된다. 소비자들의 환경 및 윤리적 가치에 대한 인식이 높아짐에 따라 '그린하다' 농업에 대한 수요도 증가할 것이며, 이는 지속 가능한 생태농업 제품에 대한 시장을 확대할 것으로 보인다.

'그린하다' 농업은 지속 가능한 미래를 향한 혁신적인 해결책으로 환경 보호와 생태계 복원, 자원 효율성 증진, 지역사회와의 공생 관계 구축을 통해 에코-얼라이브 농업의 미래를 형성한다. 이러한 접근 방식은 농업이 직면한 여러 도전을 극복하고 더욱 지속 가능하고 환경 친화적인 방향으로 나아가도록 돕는다.

현대 사회에서 농업의 역할은 단순히 식량 생산을 넘어 환경 보호와 생태계 복원으로 확대되고 있다. 이러한 전환은 농업이 자연과의 균형을 회복하고 지속 가능한 방향으로 발전할 수 있음을 보여준다. 토양의 구조와 건강을 해치는 지속적인 경작 대신 생태 복원을 목표로 하는 농업 방식은 유기물의 재활용, 친환경적인 비료 사용, 녹비 작물의 도입을 통해 토양 생태계를 보호하고 강화한다.

또한, 생물 다양성을 유지하고 농업 생태계와 자연 생태계가 협력할 수 있는 방안을 모색하는 것이 중요하다. 단일 작물 재배가 아닌 다양한 작물의 혼합재배나 자연 생태계를 모방한 농지 조성은 생물 다양성을 증진시키는 동시에 생태계의 균형을 유지할 수 있다.

유기농과 지속 가능한 농업 방식의 채택은 화학비료와 농약의 사용을 최소화하고 유기물을 재활용하는 등 생태계를 지속 가능하게 회복하는 방향으로 나아가는 데 중요하다. 이러한 방식은 농업과 자연의 균형을 재조정하며 환경에 미치는 부정적인 영향을 줄인다.

생태학적 원리를 농업에 적용하는 것 또한 생태계 회복에 있어 중요한 접근법이다. 다양한 작물의 혼합재배나 자연적인 생태계와 유사한 구조의 도입을 통해 생태학적 균형을 유지할 수 있으며 농업 생태계를 자연의 일부로 통합하는 것이 가능하다.

지역화와 지속 가능한 자원 관리는 생태계를 회복하는 데 있어서 중요한 요소이다. 지역의 토양, 기후, 생물 다양성을 고려하여 지역에 적합한 농업 방식을 선택하고 자원을 지속 가능하게 관리함으로써 생태계 복원을 이루어 낼 수 있다.

또한 농업이 생태계 서비스와 상호작용하는 방식을 중시하게 된다면 자연의 손길을 받아 회복의 길로 나아갈 수 있다. 물, 공기, 토양 등의 자연 자원을 지속 가능하게 관리하는 것은 농업이 생태계와 조화롭게 공존하도록 만든다.

미래 농업의 회복적인 전망은 혁신적인 기술의 도입과 교육의 중요성에 기초하고 있다. 기술적인 발전과 더불어 농업인과 소비자에게 생태 복원적인 농업 방식에 대한 교육이 필요하며, 이를 통해 농업이 생태학적 균형을 회복하는 방향으로 나아갈 수 있도록 지원해야 한다.

글로벌 협력과 지식 공유는 생태 복원적인 농업의 확산에 필수적이다. 지역 간, 국가 간 협력을 통해 각 지역의 생태학적 특성에 맞는 농업 방식을 모색하고 에코-얼라이브 농업 관행을 공유함으로써 전 세계적으로 생태계 복원을 이루어 낼 수 있다.

생태계 복원을 위한 농업의 이러한 변화는 단순히 생산성 증대를 목표로 하는 것이 아니라 지속 가능한 미래를 위해 자연과의 조화를 추구하는 것을 의미한다. 지속 가능한 경작, 지혜로운 자원 관리, 생태학적 원리의 도입은 농업이 생태계와 함께 번성할 수 있는 길을 제시한다. 미래의 농업은 자연과 함께하는 농업이며, 이를 통해 우리는 더 지속 가능한 세계로 나아갈 수 있을 것이다.

5
'그린하다' 농업으로 생태 복원 촉진

농업을 통한 생태 복원 촉진은 단순한 농업 방식의 변화를 넘어서 지구의 생태계 및 인류의 미래에 대한 근본적인 긍정적 변화를 약속한다. 이러한 접근법은 환경적 지속 가능성과 식량 생산의 향상만을 목표로 하는 것이 아니라 경제적 번영과 사회적 복지 향상에도 중점을 두고 있다. 지구상의 생태계 서비스의 복원과 강화는 기후 변화, 생물 다양성 손실, 물 부족과 같은 글로벌 문제에 대응하는 데 필수적이다. 이러한 생태 복원 노력은 국제적인 차원에서의 협력과 각 국가 및 지역 사회의 헌신적인 노력을 필요로 한다.

국제기구, 정부, 비정부기구[NGO] 그리고 민간 부문의 협력은 생태 복원과 에코-얼라이브 농업 실천의 성공을 위한 핵심이다. 이러한 협력을 통해 연구 및 개발, 기술 혁신, 교육 및 인식 제고 프로그램이 지원될 수 있으며, 이는 지속 가능한 농업 방식의 채택과 확산에 필수적이다. 더불어 기술 혁신과 디지털 변환은 토양 건강 모니터링, 생물 다양성 관리, 기후 변화 대응 전략 등에서 빼놓을 수 없다. 정밀 농업, 스마트 농업 기술, 인공지능[AI] 기반 농업 관리 시스템의 개발과 적용은 자원의 효율적 사용, 환경 영향 최소화, 농업 생산성 최적화에 기여한다.

장기적으로 볼 때 농업을 통한 생태 복원 촉진은 지구의 생물 다양성을 보호하고 생태계 서비스의 지속 가능한 관리에 크게 공헌한다. 이러한 접근법은 인류가 직면한 환경적, 경제적, 사회적 도전에 대응하는 종합적인 해결책을 제공한다. 에코-얼라이브 농업 방식의 채택과 실천은 현재 세대뿐만 아니라 미래 세대를 위한 지속 가능한 환경과 식량 안보를 보장할 수 있도록 한다.

결론적으로 농업을 통한 생태 복원 촉진은 지구상의 모든 생명체에게 더 나은 미래를 제공하는 실현 가능한 목표이다. 이를 위해서는 전 세계적인 협력, 지속 가능한 정책 수립, 기술 혁신 그리고 개인과 지역 사회의 적극적인 참여가 필요하다. 이러한 노력을 통해 우리는 지속 가능한 미래를 위한 길을 개척할 수 있으며, 이는 우리 모두에게 보다 건강하고 지속 가능한 생활 방식을 제공할 것이다. 에코-얼라이브 농업 방식의 채택은 오늘날 우리가 직면한 환경적 위기에 대한 효과적인 대응 방안이며 미래 세대를 위한 지속 가능한 환경과 식량 안보를 보장하는 중요한 길임을 잊어서는 안 된다.

6
'그린하다' 농업을 통한 역량 강화

농업의 지속 가능성을 향한 노력은 농민들의 참여와 수고 없이는 불가능하다. 따라서 농민들의 역량 강화는 농업의 미래를 위한 중요한 과제로 부상하고 있다. 이를 위해서는 다양한 측면에서의 교육과 지원이 필요하다.

농민들의 역할이 점차 확대되고 있으며, 이는 단순히 작물을 재배하고 가축을 키우는 데서 그치지 않고 지속 가능성, 생태 보전, 기후 변화 대응 등의 다양한 영역에서의 책임을 맡고 있음을 의미한다. 이러한 변화에 발맞추기 위해서는 농민들의 역량이 강화되어야 한다.

농민들의 역량을 강화하기 위해서는 먼저 지식과 교육이 필요하다. 현대 농업은 과학과 기술의 발전에 크게 의존하고 있으며 농민들은 최신의 농업 기술, 지속 가능한 경영 방법, 기후 변화에 대한 이해 등 다양한 지식을 습득해야 한다. 정부와 비영리 기관은 농민들을 위한 교육 및 훈련 프로그램을 지속적으로 제공하고 있으며 농민들은 이를 통해 자신의 농업 경영에 적용하고 역량을 향상시킬 수 있다.

농업에서 디지털 기술의 활용도 중요하다. 스마트 농업 기술, 빅데이터 분석, 인공 지능 등의 혁신적인 기술은 농민들에게 새로운 도구를 제공한다. 센서를 활용한 작물 감지, 스마트 농기구의 도입, 생산 데이터의 분석을 통해 농민들은 농업 생산성을 향상시키고 자원을 효율적으로 관리할 수 있다. 디지털 농부의 개념은 농민들이 전통적인 경험과 현대 기술을 융합하는 것을 의미하며, 이는 농민들이 자신의 농지를 더 지능적으로 운영할 수 있도록 하고, 지속 가능성을 강화할 것이다.

환경에 대한 민감성은 농민들이 반드시 가져야 할 중요한 가치이다. 생태계와 조화롭게 공존하며 환경 보호에 앞장서는 농부들이 필요하다. 화학비료와 유해 농약의 사용을 최소화하고 대안적인 친환경 농업 방법을 도입하는 것은 농민의 역량을 강화하는 방법 중 하나이다. 또한 농민들은 지속 가능한 수질과 공기를 위해 적절한 자원 관리를 실천해야 한다. 물의 절약, 오염 방지, 친환경적인 에너지 사용 등은 농민들이 지구 환경에 기여하는 긍정적인 방법이다.

농민들의 연대와 협력은 농업의 지속 가능성을 위해 반드시 필요하다. 지역 사회와의 협력을 통해 농민들은 자원을 공유하고 지역의 지속 가능한 발전을 위해 노력할 수 있다. 농민 간의 경험 공유와 지식 교류를 통해 지식을 나누고 서로를 지원함으로써 지속 가능한 변화를 이끌어내는 데에 효과적이다. 이러한 협력은 농민들이 에코-얼라이브 농업이 더 확장되고 깊이 뿌리내릴 수 있도록 도와준다.

마지막으로 농민들의 역량 강화를 위한 정책과 지원이 필요하다. 정부와 국제 기구는 농부들의 역량을 강화하기 위한 정책과 지원을 아끼지 말아야 한다. 교육, 기술 도입, 지역 사회 지원, 환경 보호를 위한 장려 등 다양한 영역에서의 정책은 농민들이 에코-얼라이브 농업에 참여하고 성공적으로 변화를 이끌어낼 수 있도록 돕는다.

요약하자면 농민들의 역량 강화는 농업의 미래를 책임지는 중요한 과제이며, 이를 위해서는 교육, 기술 도입, 환경 보호, 지역 사회 협력 등의 다양한 측면에서의 노력과 지원이 필요하다. 농민들의 힘으로 농업의 지속 가능성을 높이고, 지구 환경을 보호하며, 지역 사회를 발전시키는 데에 기여할 수 있을 것이다.

새로운 생태농법에 대한 교육과 훈련은 농업의 지속 가능한 미래를 위해 필수적인 과정으로 농민들과 농업 종사자들에게 자연과의 조화 속에서 식량을 생산하는 방법을 가르친다. 또한 환경에 대한 책임감을 강화하고 생태계를 보호하는 데 앞장서게 한다. 이러한 교육은 에코-얼라이브 농법의 원칙을 따르는 것으로 자연의 원리와 생태계의 균형을 이해하고 이를 농업에 적용하여 지속 가능하고 환경 친화적인 방식으로 작물을 재배하는 것을 목표로 한다.

교육 프로그램과 커리큘럼은 다양한 형태로 제공되며, 이는 대학과 전문 기관에서 주최하는 공식 교육 과정부터 비영리 단체와 지역 커뮤니티가 운영하는 워크숍 및 세미나에 이르기까지 다양하다. 커리큘럼은 유기 농업의 기본 원리, 토양 관리, 생물 다양성의 중요성, 지속 가능한 물 관리 등을 포함하며 이론적 지식과 실제 농장에서의 실습을 결합한 학습을 제공한다.

실습과 현장 경험은 교육의 중요한 부분으로 참가자들이 직접 농장을 경험하고 생태농법의 원리를 실제로 적용해보는 기회를 제공한다. 이를 통해 참가자들은 자연과의 깊은 연결을 이해하고 지식을 실제 상황에 적용하는 방법을 배운다. 또한 에코-얼라이브 농법 교육은 단발적인 과정이 아니라 지속적인 학습 과정으로 참가자들이 지속적으로 지식을 갱신하고 농업 관련 최신 동향과 기술을 습득할 수 있도록 한다.

이러한 교육 프로그램은 또한 같은 이념을 공유하는 농민들과의 네트워킹을 통해 서로의 경험과 지식을 공유하고 협력의 기회를 모색할 수 있게 한다. 이는 농업 커뮤니티 내에서 상호 지원적인 환경을 조성하고 실천적인 지식과 경험을 바탕으로 한 에코-얼라이브 농업 실천을 장려한다.

새로운 에코-얼라이브 농법에 대한 교육과 훈련의 중요성은 단순히 기술적인 지식을 전달하는 것을 넘어선다. 이 과정은 농업 종사자들에게 환경을 존중하고 보호하는 방법을 배우게 하며 건강하고 지속 가능한 식품 생산 방식을 도입할 수 있도록 한다. 더 나아가 자연과 더불어 살아가는 방법과 지구를 위한 책임감을 가르치는 것으로 참가자들에게 깊은 영향을 미치며 지구의 미래에 대한 새로운 시각을 열어준다.

이러한 교육과 훈련은 농업이 직면한 현재와 미래의 도전에 대응하는 데 필수적이며 에코-얼라이브 농업 실천을 통해 지구의 생태계를 보호하고 식량 안보를 강화할 것이다. 결국 이는 농업이 환경, 사회, 경제적으로 지속 가능한 방향으로 발전하는 데 중요한 기반을 마련하는 과정이 될 것이다.

7
윤리적 식품에 대한 소비자 인식

윤리적 먹거리에 대한 소비자들의 인식과 수요는 현대 사회의 다양한 사회적 변화와 관련이 깊다. 소비자들이 건강, 환경, 동물 복지 등에 대한 관심을 높이면서, 이에 부합하는 제품을 찾고 구매하려는 경향이 뚜렷해지고 있다. 이러한 변화는 다양한 측면에서 윤리적 식품 시장에 영향을 미치고 있으며 브랜드들은 이러한 소비자들의 요구를 충족시키기 위해 노력하고 있다.

먼저 소비자들은 자신의 건강에 대한 더 큰 관심을 보이고 있다. 건강한 식습관은 삶의 질을 향상시키는 중요한 요소로 여겨지며, 이에 따라 윤리적 식품은 건강에 도움이 되는 원료를 사용하고 화학적 처리를 최소화하는 등의 특징을 가지고 있다. 소비자들은 건강에 이점을 주는 제품을 선택하고자 하며, 이는 윤리적 식품에 대한 수요를 높이는 요인 중 하나이다.

또한 환경 문제에 대한 우려가 증가하면서 소비자들은 지속 가능한 식품 소비에 대한 관심을 더욱 기울이고 있다. 윤리적 식품은 에코-얼라이브 농업과 생산 방식을 채택하여 환경 보호에 기여하며,

[유기농 토마토 농장]

에코-얼라이브   관행재배

이는 소비자들이 환경에 대한 책임감을 느끼고 지구에 더 친화적인 선택을 하도록 유도한다. 이러한 경향은 에코-얼라이브 농업과 생산 방식을 채택한 브랜드들에게 유리한 영향을 미치고 있다.

동물 복지에 대한 인식이 높아지면서 소비자들은 윤리적 식품을 선택함으로써 동물에 대한 존중과 배려를 표현하고자 한다. 농장에서도 동물 산업의 윤리적 문제에 대한 인식이 높아짐에 따라 윤리적 식품 브랜드들은 동물 복지에 중점을 두고 생산되는 제품을 공급하여 소비자들로부터 긍정적인 평가를 받고 있다.

이러한 변화들은 소비자들이 윤리적 식품에 대한 수요를 증가시키고 있으며, 이에 따라 윤리적 식품 시장은 더욱 성장할 전망이다. 그러나 소비자들의 윤리적 식품에 대한 인식과 수요는 교육과 정보에 크게 의존하고 있기 때문에 브랜드들은 소비자에게 제품의 윤리적 측면을 전하는 데 노력하고 있다. 소비자들에게 더 많은 정보와 투명성을 제공함으로써 윤리적 식품 시장을 더욱 발전시키고 그들이 더 나은 선택을 할 수 있도록 돕는 것이 중요하다.

또한 윤리적 식품 시장은 지속적인 혁신과 다양성을 보이고 있다. 소비자 중심의 윤리적 식품 브랜드들은 새로운 제품과 서비스를 개발하고 지속 가능한 농업 방식, 동물 복지 개선, 플라스틱 사용 감소 등에 중점을 두고 있다. 이러한 혁신은 소비자들에게 더 많은 선택권을 부여하며 윤리적 식품 시장을 다양성과 경쟁력으로 가득 채우고 있다.

향후에도 이러한 추세는 계속해서 증가할 것으로 예상된다. 사회적 책임과 환경 보호에 대한 요구가 높아짐에 따라 브랜드들은 더욱 높은 투명성과 책임감 있는 생산 방식을 도입하게 될 것이다. 또한 소비자들은 다양한 윤리적 브랜드들 간의 경쟁에서 나오는 혜택을 누릴 수 있게 될 것이다.

윤리적 식품에 대한 소비자 수요의 증가는 브랜드들에게도 중요한 영향을 미친다. 소비자들의 윤리적 소비 선호는 브랜드들이 지속 가능한 생산 방식을 채택하고 환경 보호와 사회적 책임을 강화하는 데 동기를 부여한다. 이는 결국 윤리적 식품 시장의 성장과 혁신을 촉진하고 더 많은 소비자들에게 다양한 윤리적 선택지를 주게 된다.

결론적으로 윤리적 식품에 대한 소비자의 인식과 수요는 건강, 환경, 동물 복지에 대한 깊은 관심에서 비롯되며, 이는 생산자와 소비자 모두에게 지속 가능한 미래를 향한 긍정적인 변화를 유도하고 있다. 앞으로도 윤리적 식품 시장은 소비자들의 변화하는 가치와 기대에 부응하며 지속적으로 성장할 것으로 예상된다.

8
에코-얼라이브 실천이
인류에 미치는 영향

에코-얼라이브 실천을 향한 글로벌 인식은 현재 환경 위기와 지속 가능한 발전에 대한 대응으로 주목받고 있다. 이러한 실천은 농업의 지속 가능성을 넘어 전 세계적인 환경 보호, 생태계 회복, 식량 안보 강화 및 경제 발전에 기여하고 있다. 농업 분야에서 시작된 이러한 변화는 인류와 지구에 긍정적인 장기적 영향을 약속한다.

에코-얼라이브 실천은 지속 가능한 농업 방식의 채택을 통해 토양의 건강을 보호하고 생물 다양성을 증진시키며 농업 생산성을 향상시키는 데 중점을 둔다. 이러한 접근 방식은 화학비료와 농약 사용을 줄이고 유기물 재활용을 넘어 새활용을 촉진하며 지속 가능한 자원 관리를 통해 환경적 발자국을 최소화한다. 결과적으로 이는 토양 침식 감소, 물 자원 보호, 생태계 서비스를 강화한다.

기후 변화 대응에 있어서 에코-얼라이브 실천은 온실가스 배출 감소, 에너지 효율성 증진 및 재생 가능한 에너지 사용을 촉진함으로써 중요한 역할을 한다. 이는 기후 변화의 영향을 완화하고 기후에

[이상기온에 의한 피해 회복(고추)]

| 냉해 피해 | 처리 2주 후 | 처리 3주 후 |

더욱 적응 가능한 농업 시스템을 개발하도록 돕는다. 또한 식량 생산의 지속 가능성을 보장하며 글로벌 식량 안보를 강화하는 데에도 도움이 된다.

　에코-얼라이브의 생태계 보전 노력은 지속 가능한 미래를 위한 투자로 볼 수 있다. 생태계 서비스의 보호와 복원은 생물 다양성의 보존뿐만 아니라 장기적으로 인류의 복지와 지구의 건강을 보장한다. 이러한 접근은 지역사회와 경제에 긍정적인 영향을 미치며 생태계 기반의 해결책을 통해 환경 문제를 해결하는 혁신적인 방법을 제공한다.

　경제적 영향 측면에서 에코-얼라이브 실천은 지역 경제 발전과 농촌 지역의 일자리 창출에 이바지한다. 지속 가능한 에코-얼라이브 농업은 농업 생산성의 증가뿐만 아니라 농산물의 질 개선과 지역 브랜드 가치 향상을 가져온다. 이는 소비자들의 지속 가능한 제품에 대한 수요 증가로 이어지며 지역사회의 경제적 지속 가능성을 강화한다.

글로벌 차원에서 에코-얼라이브 실천의 확산은 교육 및 인식 증진 프로그램을 통해 가능하다. 지속 가능한 농업의 중요성에 대한 국제적인 인식을 높이고 다양한 이해관계자 간의 협력을 촉진하는 것이 중요하다. 정부, 비영리 기구, 교육 기관 및 기업들은 에코-얼라이브 농업 실천을 장려하고 지원함으로써 글로벌 환경 문제에 대한 효과적인 대응을 할 수 있다.

결론적으로 에코-얼라이브 실천은 지구 환경 보호, 생태계 회복, 식량 안보 강화 및 지역 경제 발전에 기여하며 지속 가능한 미래를 향한 글로벌한 변화의 시작이다. 지속 가능한 농업은 현재뿐만 아니라 미래 세대를 위한 필수적인 길로 모든 이해관계자의 적극적인 참여와 협력을 통해 실현될 수 있다.

9

'그린하다'를 지원하는
정책 및 거버넌스

지속 가능한 농업, 특히 '그린하다' 농업은 현대 사회에서 중요한 이슈로 자리 잡으며 환경, 생태계, 및 식량 안보에 대한 깊은 고려를 바탕으로 한 독특한 접근 방식으로서 주목받고 있다. '그린하다' 농업은 화학비료와 농약 사용을 최소화하고 생물 다양성을 존중하며 자연 생태계를 회복하는 등의 원칙에 기반하여 지속 가능성과 환경 보호를 중심으로 한 농업 방식을 의미한다. 이는 생산성을 유지하면서도 지구 환경과의 균형을 추구하는 에코-얼라이브 농법의 중요한 측면이다.

환경 변화, 기후 변화 및 자원 고갈과 같은 문제에 대응하기 위해서 '그린하다' 농업은 중요한 수단으로 인식되고 있다. 이러한 변화에 대응하고 에코-얼라이브 농업 생산을 유지하기 위해 새로운 접근 방식이 필요한 가운데 에코-얼라이브 농법은 이에 부응하는 모델로 간주된다. 이러한 농법을 성공적으로 도입하고 확대하기 위해서는 정부의 강력한 역할이 필수적이다.

양파집산지 함양군 시범사업 평가회

　정부는 에코-얼라이브 농법을 적극적으로 지원하고 홍보하는 정책을 수립하며, 이를 통해 농업 생산자들이 에코-얼라이브 원칙을 채택하고 실천할 동기를 얻을 수 있도록 해야 한다. 또한 '그린하다' 농업은 시범 사업 혹은 중장기 생태복원 사업으로 초기 투자가 필요하므로 정부는 재정 지원 및 보조금을 통해 농업 생산자들이 에코-얼라이브 농업으로의 전환을 용이하게 할 수 있도록 해야 한다. 이와 함께 에코-얼라이브 농법을 채택하려는 농업 생산자들과 전문가들을 위한 교육과 훈련 프로그램을 개선하고 확장해야 하며 현실적이고 유용한 정보를 제공해야 한다.

　'그린하다' 농업의 성공을 위해서는 적절한 인프라의 구축도 중요하다. 정부는 농업기업과 생산자들이 새로운 농업 방식을 도입하고 지속 가능한 생산을 위해 필요한 현대화된 시설과 장비를 갖출 수 있도록 인프라를 개선하고 지원해야 한다. 또한 환경 문제는 국경을 초월하기 때문에 국제적 협력을 통해 에코-얼라이브 농법의 성공을 도모해야 하며 국제 기구 및 저개발 국가와의 ODA^{Official Development} _{Assistance 정부 개발 원조} 지원사업 등 협력을 촉진하고 '그린하다' 농업의 지속 가능한 발전을 위한 국제 표준과 지침을 개발하는 데 노력을 기울여야 한다.

정부와 농업 생산자 간의 긴밀한 협력은 '그린하다' 농업의 성공적인 실천을 위해 꼭 필요하다. 정부는 농업 생산자들과의 소통을 강화하고, 그들의 의견을 수렴하여 정책을 조율하며, '그린하다' 농업으로의 전환을 용이하게 할 수 있게 지원해야 한다. 이러한 과정에서 투명하고 효과적인 거버넌스가 필요하다. 정부는 의사 결정 과정을 투명하게 공개하고 시민들의 참여를 유도하여 에코-얼라이브 농법에 대한 지지를 얻어야 한다.

이렇게 정책 중심의 노력을 통해 '그린하다' 농업은 농업의 지속 가능성과 지구 환경의 보존에 긍정적인 영향을 줄 것으로 기대된다. 정부의 적극적인 지원과 협력을 바탕으로 한 '그린하다' 농업의 도입과 확산은 지구 환경과 농업 생산의 미래를 위한 중요한 전략적 접근 방식으로 자리매김할 것이며, 이는 지속 가능한 발전의 핵심 요소로 작용할 것이다.

정책 및 거버넌스를 통한 '그린하다' 농업의 지원은 현대 사회에서 환경 보호와 식량 안보에 대한 중요한 과제로 자리매김하고 있다.

10
이^{利}로움을 넘어 의^{義}로운 미래 농업

인류의 농업 역사는 끝없는 혁신과 발전의 연속이었으며, 이 과정에서 우리의 삶과 지구 생태계에 깊은 영향을 미쳐 왔다. 현대에 이르러 농업은 기후 변화, 인구 증가, 자원 부족 등 전례 없는 도전에 직면하고 있다. 이러한 도전은 농업이 새로운 출발점에 서 있음을 의미하며, 이에 대응하기 위해 새로운 구상이 필요함을 시사한다.

농업이 직면한 현실을 면밀히 분석하면 극단적인 기상 조건, 자원의 고갈, 합성화학제 및 독성 농약 사용으로 인한 환경 오염 등이 주요 도전 과제로 부상해 왔다. 하지만 이러한 도전은 또한 기술과 혁신을 통해 농산물 생산성을 향상시키고 에코-얼라이브 농업 방식을 모색할 수 있는 중요한 기회를 마련하기도 한다. 따라서 기술과 혁신

문제의 질산염 해결능력의 에코-얼라이브 시스템

은 농업의 미래를 주도하는 핵심 요소로 작용할 것이다.

스마트 메커니즘 기술, 인공 지능, 빅데이터, 드론 기술의 도입은 농업 생산성을 높이는 한편 환경에 미치는 부정적인 영향을 최소화한다. 이러한 기술적 발전은 농업을 지속 가능하고 효율적인 방향으로 이끌 것이다. 지속 가능한 농업의 원칙은 환경 친화적인 관행을 채택하여 지구 환경을 보호하고 농업 생산성을 높일 수 있는 방안을 제시한다. 유기농법, 친환경 비료 및 농약 사용, 에코-얼라이브 농업 사용은 이 원칙을 실현하는 데 중요한 역할을 할 것이다.

농업의 미래는 생태환경 복원과 다양성 및 식량 안보 강화에 초점을 맞추어야 한다. 단일 작물에 의존하는 전통적인 농업 모델에서 벗어나 다양한 작물과 작물 유형을 통해 작물 다양성을 확보해야 한다. 지역별 특성에 맞는 농작물 재배와 에코-얼라이브 농업 생태계 구축에도 주력해야 한다.

이러한 변화를 실현하기 위해서는 농업인들에게 지식과 기술을 전달하는 농업 교육이 필수적이다. 현대 기술 및 지속 가능한 농업 관행에 대한 이해를 높이고 농업인들이 새로운 도전에 대응할 수 있는 능력을 강화할 수 있다. 또한 국가 간, 지역 간, 농업인과 소비자 간의 협력을 통해 글로벌 협력과 지구 시민 의식을 강화해야 한다. 이는 농업의 지속 가능성을 높이는 일이다.

결국 농업의 미래는 기술의 도입, 지속 가능한 농업의 원칙, 농업 교육의 강화 그리고 글로벌 협력과 지구 시민 의식의 증진을 통해 밝게 할 수 있다. 우리는 자연과 조화롭게 공존하며 미래를 위한 농업의 새로운 향토를 창조해 나갈 것이다. 이는 농업의 지속 가능한 발전을 위한 여정에서 중요한 이정표가 될 것이다.

농업의 미래는 우리의 삶과 지구의 생태계에 미치는 영향을 고려할 때 극히 중요한 주제이다. 이전의 농업 방식이 새로운 도전과 기회를 안고 있는 현대 사회에서는 더 이상 지속할 수 없는 것으로 여겨지고 있다. 따라서 우리는 새로운 출발점에서 농업의 미래를 구상해야 한다.

우리가 직면한 도전들을 이해하기 위해서는 현재의 상황을 정확하게 파악해야 한다. 에코-얼라이브 농업의 원칙을 중시하는 것도 농업의 미래를 설계하는 데 중요하며, 이러한 노력들이 함께 결합되면 농업의 미래는 밝은 향토로 나아갈 것이다. 우리 함께 손을 잡고 자연과 조화롭게 공존하며 미래를 위한 농업의 새로운 지평을 창조해 보자.

GREENHADA

6장
지구를 푸르게
'그린하다'

흙이 살아 숨 쉬는 농사: 우리 손으로 만드는
정의로운 미래, 생태농업으로 혁신!

지구는 우리 모두의 집이다. '지구를 푸르게' 구호로 지구의 건강을 회복하고 보호하는 미래를 지향하는 그린하다 농업은 생태계를 살리며 자원을 효율적으로 사용하고 기후 변화를 완화하는 혁신적인 농업 방식이다. 이를 통해 우리는 지구를 푸르게 유지하며 다음 세대에게 풍요롭고 건강한 환경을 물려줄 수 있다.

1
흙의 SOS에 대한 화답

1) 흙이 울부짖는 이유와 살아있는 농업의 부름

우리가 발을 디디고 서 있는 이 땅은 수천년 동안 인류에게 식량을 제공해 왔다. 그러나 현대의 관행농업 방식은 토양의 생명력을 위협하고 있다. 화학비료와 제초제 등 농약의 과도한 사용은 땅을 메마르게 하고 생명을 유지하는 데 필수적인 토양 미생물들을 죽여 흙을 울게 만들었다.

화학비료는 단기간에 작물의 성장을 촉진시키지만 장기적으로 토양의 자연적인 영양 순환 능력을 파괴한다. 토양이 건강하지 못하면 땅에 있는 유익한 미소생물과 필수 영양소의 균형이 깨져 생태계 전체에 악영향을 미친다. 독성 농약 사용 역시 마찬가지이다. 병해충을 퇴치하고자 사용되는 살충제와 살균제와 같은 화학물질들은 유익한 곤충과 토양 내 미소생물까지 죽여 생물 다양성을 크게 감소시키며 농작물뿐만 아니라 인간과 땅속 및 땅 위 보이지 않는 무수한 야생 동물의 건강에도 심각한 위협이 된다.

이로 인해 우리의 식탁에 오르는 먹거리의 안전성 문제도 심각하다. 농약과 비료의 잔류물과 농작물에 집적된 질산염은 우리가 매일 섭취하는 음식 속에 남아 있으며 이는 암을 비롯한 여러 건강 문제의 원인이 된다. 소비자들은 먹거리의 안전에 대해 점점 더 불안해하고 있으며 청정하고 안전한 먹거리에 대한 수요가 높아지고 있다.

2) 마지막 희망으로 등장한 금세기 최후의 기술

이러한 문제들에 대한 해결책으로 제시되는 것이 바로 에코-얼라이브 농업이다. 이 혁신적인 농법은 첨단 생명과학 기술을 활용하여 토양을 되살리고 건강한 먹거리를 만들어 나가는 새로운 방식을 제안한다. 에코-얼라이브 농업은 흙 속 미생물의 활동을 촉진시키고 자연 친화적인 방법으로 병해충을 보호함으로써 화학비료와 독성 농약에 의존하지 않고도 풍성하고 영양가 있는 먹거리를 생산할 수 있다.

에코-얼라이브 농업의 핵심은 생태 자연과의 조화이다. 이 방법은 토양, 물, 공기, 생물 등 모든 자연 요소가 서로 지지하고 조화를 이루며 지속 가능한 방식으로 농업을 진행하는 것을 목표로 한다. 이는 단지 작물의 생산성을 높이는 것뿐만 아니라 환경을 보호하고 생물 다양성을 유지하며 식량 안보를 강화하는 근본적인 변화를 추구한다.

에코-얼라이브 농업이 추구하는 건강한 먹거리의 구현은 단순히 유기 농업이나 자연 농법을 넘어선 개념이다. 이는 토양의 건강을 근본적으로 회복시키고 흙과 식물, 인간 사이의 본연의 관계를 복원함으로써 지속 가능한 생태계를 만드는 데 초점을 맞춘다. 에코-얼라

이브 농업은 식탁에 오르는 모든 먹거리가 지닌 생명력을 최대화하여 우리의 건강을 증진시키고 질병을 예방하도록 돕는다.

이러한 혁신적인 농업 방식의 실천은 우리 모두에게 정의로운 미래를 만들어갈 수 있는 힘을 부여한다. 생산자와 소비자의 선택 하나하나가 이러한 변화를 만드는 데 중요한 역할을 한다. 에코-얼라이브 농법과 농산물을 선택함으로써 우리는 환경 보호, 생물 다양성의 유지 그리고 건강한 식생활을 지지하는 목소리를 높일 수 있다.

이 책을 통해 독자들은 에코-얼라이브 농업이 어떻게 흙을 되살리고 건강한 식단을 만들어 나가며 정의로운 미래를 구현하는지에 대한 깊은 이해를 얻을 수 있을 것이다. 또한 각자의 삶 속에서 이러한 변화를 실천하고 지역 사회와 넓은 세상에서 지속 가능한 미래를 만들어가는 데 어떻게 동참할 수 있는지를 배울 것이다.

에코-얼라이브 농업은 단순한 농법이 아닌 우리 모두가 지향해야 할 삶의 방식이다. 지금 이 순간부터 우리 각자가 에코-얼라이브 농업의 원칙을 실천하며 우리가 속한 지구의 생태계를 보호하고 모든 생명이 함께 번영할 수 있는 정의로운 미래를 함께 만들어 나가자는 근본 철학을 담고 있다.

2
흙에서 식탁까지 이어진 위기

1) 척박한 땅의 현실: 영양분 부족, 환경 오염, 건강 문제
황량한 풍경 너머 숨겨진 위기

상상해 보자. 한때 풍요로웠던 농토가 이제는 황량한 사막으로 변했다. 이러한 환경에서 자란 작물은 영양분이 부족하고 오염된 토양으로 인해 유해 물질에 노출되어 있다. 이처럼 오염된 작물을 섭취하게 될 경우 우리의 건강은 직접적인 위협을 받게 된다. 영양 불균형과 질산염 등 유해 물질 섭취는 면역력 약화, 피로 누적, 성장 장애, 만성 질환에 이르기까지 다양한 건강 문제를 유발할 수 있다.

척박한 땅에서 자라는 작물의 영양 불균형은 심각한 문제다. 영양소가 부족한 토양은 마치 영양실조에 걸린 사람과 같이 작물에 필수 영양소를 제공하지 못한다. 이는 결국 영양가가 낮은 작물을 생산하며 우리 몸이 필요로 하는 충분한 영양을 공급하지 못한다. 결과적으로 면역력이 약화되고 피로가 쌓이며, 정상적인 성장이 저해되는 등의 건강 문제가 발생할 수 있다.

또한, 오염된 토양은 우리의 식탁에도 직접적인 영향을 미친다. 화학비료와 농약은 토양을 오염시키고 작물에 유해 물질이 집적된다. 이로 인해 우리 몸에 유입되는 유해 중금속, 환경 호르몬은 암, 신경계 질환, 생식 장애, 내분비계 교란과 같은 심각한 건강 문제를 초래할 수 있다. 즉 우리가 섭취하는 음식은 마치 독을 담은 과일처럼 건강을 해치는 위험 요소가 되어버린다.

이러한 척박한 땅의 현실은 농업 문제를 넘어서 우리 모두의 삶에 심각한 위협이 되고 있다. 황량한 풍경 너머에 숨겨진 이 위기는 단순히 환경적 문제가 아니라 인류의 건강과 미래 세대의 삶의 질에 직결된 중대한 도전이다. 이에 대응하기 위해서는 에코-얼라이브 농업 방식으로의 전환, 화학비료와 농약 사용의 감소와 더불어 영양가 높고 안전한 먹거리 생산을 위한 노력이 필요하다. 우리가 지금 취하는 행동과 결정이 미래 세대의 건강한 삶을 보장하는 데 중요한 기점이 될 것이다.

미래 세대에게 물려줄 책임, 건강한 땅과 안전한 식량

척박한 땅과 방치된 환경은 미래 세대에게 건강한 삶과 안전한 먹거리를 전할 수 있는 기회를 박탈한다. 영양 결핍은 태아와 영유아 시절에 심각한 성장 장애와 뇌 발달 지연을 초래할 수 있으며 이러한 영향은 만성 질환의 증가로 이어져 성인기에도 건강 문제를 야기할 수 있다. 건강한 땅과 안전한 식량은 미래 세대가 건강하게 성장하고 발달할 수 있는 필수적인 기반이며 우리의 농업 관행과 환경 보호 노력은 이를 지키는 데 중요한 역할을 한다.

환경 오염, 특히 토양 오염은 생태계 파괴와 기후 변화를 유발한다. 이는 자원의 부족과 더불어 미래 세대의 삶의 질을 저하시킨다. 오염된 환경은 건강한 식량 생산을 방해하고 미래 세대가 직면할 환경적, 사회적, 경제적 문제를 심화시킨다. 이러한 문제는 단순히 하나의 세대를 넘어서서 지속될 수 있으며 오늘날 우리가 취하는 조치가 미래 세대의 삶에 큰 영향을 미친다.

따라서, 지금 우리에게 주어진 책임은 미래 세대에게 건강한 토양과 안전한 식량을 물려주기 위해 지속 가능한 농업 관행을 채택하고 환경 보호에 힘쓰는 것이다. 에코-얼라이브 농업과 같은 지속 가능한 농업 실천은 영양분이 풍부한 먹거리를 생산하고, 토양 건강을 유지하며 환경 오염을 감소시키는 데 큰 도움을 준다. 이는 미래 세대가 건강한 환경에서 성장하고 풍요로운 식량에 접근할 수 있도록 하는 기반이 된다.

우리 모두는 건강한 땅을 유지하고 오염을 방지하며 다양한 생물과 함께 조화롭게 살아가는 방법을 찾아야 한다. 이를 통해 미래 세대에게 건강하고 지속 가능한 세상을 물려주는 것이 우리 세대의 중대한 책임이다. 지금 우리가 취하는 조치와 결정은 미래 세대의 삶의 질과 지구의 건강을 결정짓는 중요한 요소이며 지속 가능한 미래를 위한 긍정적인 변화를 만들어갈 수 있는 기회이다.

변화를 위한 첫 걸음, 에코-얼라이브 농업

황량한 땅이 풍요로운 낙원으로 변모하는 것은 멀고 험난한 여정처럼 보일 수 있지만 에코-얼라이브 농업은 이러한 변화를 가능하게 하는 희망의 불씨를 지핀다. 자연 친화적인 방식으로 토양생태를 복원하고 영양분이 풍부한 건강한 작물을 생산하는 에코-얼라이브 농업은 단순한 농법을 넘어선 혁신적인 접근법으로서 토양에 생명을 불어넣고 지속 가능한 미래를 건설한다. 이러한 접근법은 농업 기술의 진보뿐만 아니라 우리가 지향해야 할 정의로운 미래에 대한 비전을 담고 있다.

소비자의 역할도 중요하다. 책임 있는 소비를 통해 우리는 더 건강하고 지속 가능한 세상을 만들어갈 수 있다. 에코-얼라이브 농산물을 선택함으로써 소비자들은 환경을 보호하고 에코-얼라이브 농업을 지원하는 동시에 자신과 가족의 건강을 지킬 수 있다. 이러한 선택은 단순한 구매를 넘어선 행동으로 우리의 건강뿐만 아니라 지구의 건강에도 긍정적인 영향을 미친다.

에코-얼라이브 농업과 책임 있는 소비 문화의 확산은 지구상의 생명체 모두에게 이익이 되는 변화를 만들어가는 데 필수적인 요소이다. 우리 모두의 노력으로 건강한 토양, 풍요로운 식량, 깨끗한 환경을 미래 세대에게 물려줄 수 있는 기회가 될 것이다. 이러한 변화를 위한 첫 걸음은 바로 우리 각자가 할 수 있는 작은 실천에서 시작된다. 에코-얼라이브 농업의 지지와 책임 있는 소비 선택은 우리 모두가 참여할 수 있는 지속 가능한 미래를 향한 여정의 시작점이다.

함께 만들어가는 정의로운 여정

이러한 노력은 척박한 땅이 다시 생명을 얻고, 우리의 식탁이 건강하고 풍요로워지는 긍정적인 변화를 이끌어낼 수 있다. 피부질환, 영양실조와 환경 오염이라는 현재의 위협을 극복하고 미래 세대에게 건강하고 지속 가능한 환경을 물려주기 위한 중요한 단계이다.

에코-얼라이브 농업과 함께 하는 변화는 단순히 농업 기술의 혁신에 그치지 않고 우리의 생활 방식과 가치관에 대한 깊은 성찰과 변화를 요구한다. 지구와 인류의 미래를 위해 에코-얼라이브 농업을 지지하고 참여하는 것은 모든 개인과 커뮤니티, 국가의 책임이다. 우리가 오늘 내리는 결정과 실천은 미래 세대에게 물려줄 건강한 토양과 안전한 식량 그리고 정의로운 세상을 만드는 데 결정적인 역할을 할 것이다. 이는 함께 만들어가는 변화이며 정의로운 미래를 향한 우리 모두의 여정이다.

2) 흙의 눈물: 화학비료와 농약의 악영향

화학비료와 농약의 사용은 오랜 시간 동안 농업 생산성을 높이는데 중요한 역할을 해왔지만 그 부작용은 토양, 생태계, 인간의 건강에 심각한 위협을 가하고 있다. 이러한 물질들은 토양의 영양 불균형을 초래하고 미생물을 죽여 토양 구조를 파괴하며 유익한 생물까지 해치면서 생태계 전체의 균형을 무너뜨린다. 더 나아가 이러한 화학물질은 작물을 통해 우리의 식탁에까지 영향을 미쳐 건강에 직접적인 위협이 되고 있다.

화학비료로 자란 작물은 질소 과다로 인한 암 발생 위험 증가 등의 문제를 일으킬 수 있으며 농약은 우리 몸에 잔류하여 다양한 건강 문제를 유발할 가능성이 높다. 이러한 현실은 단순히 한 개인의 건강 문제를 넘어서 복지 문제 등 우리 사회 전체의 지속 가능성에 대한 중대한 질문을 던진다.

경화된 토양을 복원하는 에코-얼라이브

이러한 위험에서 벗어나기 위해 에코-얼라이브 농업은 중요한 대안으로 부상하고 있다. 이 혁신적인 농법은 합성화학비료와 농약에 의존하지 않고 자연과 조화롭게 농업을 실천함으로써 토양 생태를 되살리고 영양분이 풍부한 건강한 작물을 생산한다. 에코-얼라이브 농업은 단순히 농업 기술의 혁신을 넘어, 지속 가능한 미래를 위한 우리 모두의 노력과 변화의 방향성을 알려준다.

에코-얼라이브 농업의 실천은 토양 건강의 회복과 생명력의 증진뿐만 아니라 건강한 식단과 지속 가능한 환경을 위한 기반이 된다. 이러한 변화는 모든 이해관계자의 협력을 필요로 한다. 소비자는 책임 있는 소비를 통해 이러한 농법을 지지하고 농민은 에코-얼라이브 방법으로 농업을 실천하여 토양과 생태계를 보호해야 한다. 또한, 정부와 기업은 이러한 농법의 채택과 확산을 위한 정책과 지원을 제공해야 한다.

에코-얼라이브 농업을 통한 지속 가능한 미래로의 전환은 단순한 선택이 아닌 우리 모두에게 주어진 시급한 책임이다. 흙의 눈물을 말리고 우리 모두가 건강하고 풍요로운 미래를 누릴 수 있도록 지금 이 순간부터 작은 변화와 실천을 시작해야 한다. 이는 우리 모두의 건강, 우리 자녀들의 미래와 지구의 지속 가능성을 위한 필수적인 여정이다.

에코-얼라이브 농업의 변화는 단순히 농업 분야에 국한되지 않는다. 이는 우리 삶의 방식을 변화시키고 건강하고 풍요로운 미래를 만들어가는 가치 있는 움직임이다. 우리 모두의 힘을 합쳐 흙의 눈물을 말리고 에코-얼라이브 농업을 통해 풍요로운 미래를 만들어 나가야 한다.

3) 위기의 심각성: 미래 세대에 미치는 영향

영양 결핍의 그림자: 성장과 발달의 걸림돌

영양분이 부족하게 자란 작물의 소비는 미래 세대의 성장과 발달에 중대한 영향을 미치며 영양 결핍은 성장 장애, 뇌 발달 지연, 면역력 약화, 만성 질환 등 다양한 건강 문제를 초래할 위험이 있다. 이러한 상황은 마치 미래 세대의 건강을 저해하는 독과 같아 성장과 발달의 필수 요소를 제공하지 못함으로써 건강하게 살아갈 수 있는 기회를 박탈한다.

척박한 땅에서 자라는 작물은 필수 영양소를 충분히 제공하지 못하고 이는 아동과 청소년의 정상적인 성장과 발달에 필수적인 비타민, 미네랄, 단백질 등의 부족으로 이어진다. 특히 성장기 아동에게 필요한 영양소의 부족은 학습 능력 저하, 집중력 감소, 피부 질환 등 신체적 약화와 같은 문제로 나타나며 이는 미래 세대의 사회적, 경제적 성공 가능성에도 부정적인 영향을 미칠 수 있다.

또한, 영양 결핍은 면역 시스템의 약화로 이어지며 이는 아동과 청소년을 각종 질병에 더욱 취약하게 만든다. 면역력이 약한 상태에서는 일반적인 감기에서부터 심각한 감염병에 이르기까지 다양한 건강 문제에 노출될 위험이 증가한다.

이처럼, 척박한 땅에서 자란 작물의 소비는 단순히 현재 세대의 건강 문제로 국한되지 않고 미래 세대의 건강과 발달과 전반적인 삶의 질에까지 광범위한 영향을 미치는 심각한 문제이다. 이는 우리 사회 전체가 직면한 위기로 지속 가능한 농업 방식으로의 전환, 건강하고 영양가 있는 식품 생산을 위한 적극적인 노력과 정책의 지원이 필요하다. 지금 이 순간에도 계속되는 환경의 파괴와 영양 결핍 문제는 우리 모두의 책임 있는 행동을 요구하며 미래 세대에게 건강한 삶을 물려줄 수 있는 지속 가능한 방향으로 나아가야 한다는 절실한 메시지를 전달한다.

환경 파괴의 악순환: 살아남을 땅 없이

토양 오염이 생태계 파괴로 이어지는 과정은 생물 다양성의 감소, 토양의 비옥도 저하, 유용한 미생물의 감소 등을 포함한다. 이는 자연의 자정 능력을 약화시키고 생태계 내에서 중요한 역할을 수행하는 다양한 생물 종의 생존을 어렵게 만든다. 또한 토양 오염은 농작물의 생산성 감소로 이어져 식량 안보 문제로까지 확대될 수 있다.

　기후 변화와의 연관성도 무시할 수 없다. 토양 오염은 온실 가스의 배출 증가, 지구 온난화 가속화, 극단적인 기후 현상의 빈번한 발생 등을 초래하여 인류의 생존 환경을 더욱 위험하게 만든다. 이러한 기후 변화는 농업, 수자원, 생태계 등 다양한 분야에 부정적인 영향을 끼치며 미래 세대의 생활 기반을 위태롭게 한다.

　자원 부족의 문제는 오염된 토양에서 비롯된 생태계의 파괴와 직접적으로 연결된다. 토양의 건강이 악화됨에 따라 청정한 물, 건강한 먹거리, 생태계가 제공하는 다양한 서비스들이 점점 줄어들게 된다. 이는 미래 세대가 직면할 자원의 부족과 환경적 위험을 증가시키며 지속 가능한 발전을 크게 저해한다.

　이러한 환경 파괴의 악순환은 미래 세대에게 건강하고 안전한 삶을 영위할 수 있는 기회를 빼앗는다. 미래 세대에게 살아남을 땅조차 남겨주지 않는 환경 파괴의 심각성은 우리 모두에게 책임감 있는 행동을 요구한다. 지금부터라도 지속 가능한 농업 방식을 채택하고

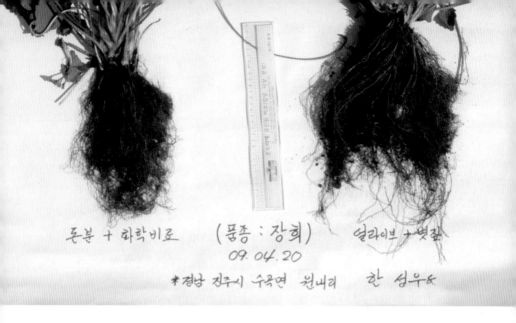

환경 보호를 위한 노력을 강화함으로써 미래 세대에게 풍요롭고 건강한 지구를 물려줄 수 있는 길을 모색해야 한다. 환경 파괴의 악순환을 끊고 건강한 땅과 안전한 식량을 미래 세대에게 물려주는 것은 우리 모두의 중대한 책임이자 의무이다.

미래 세대의 삶: 건강, 환경, 경제, 사회, 정치

영양 결핍과 환경 오염은 미래 세대의 건강을 위협하며 만성 질환, 면역력 약화, 심각한 질병 발생 위험을 높인다. 이러한 건강 문제는 단순한 개인의 문제를 넘어 사회 전반의 부담을 가중시키고 국가의 의료 시스템에 큰 부담을 줄 수 있다. 또한, 토양 오염으로 인한 생태계 파괴와 기후 변화, 자원의 부족은 미래 세대가 직면할 주요 환경적 도전과제로, 건강한 생활 환경의 기반을 약화시킨다. 척박한 땅과 감소하는 식량 생산은 경제적 어려움으로 이어지며 이는 빈곤의 심화, 경제 성장의 저해 요인이 될 뿐만 아니라 식량 가격의 상승으로 인한 사회적 불평등을 심화시킬 수 있다.

건강과 복지 문제, 환경 파괴, 경제적 어려움은 사회 내 불안정과 갈등을 촉발하며 범죄율 증가, 교육 수준 저하, 사회 서비스에 대한 수요 증가 등 다양한 사회적 문제로 이어진다. 이러한 사회적 문제들은 갈등의 원인이 되며, 지역사회의 안정성과 사회적 결속력을 약화시킨다. 더 나아가, 식량 부족, 환경 문제, 사회 불안 등은 정치적 불안정을 초래할 수 있으며 국내외 갈등과 전쟁의 가능성을 높인다. 이러한 정치적 불안정은 국가의 지속 가능한 발전을 저해하며, 미래 세대의 삶의 질과 안정성에 직접적인 영향을 미친다.

이처럼 미래 세대의 삶에 미치는 영향은 건강, 환경, 경제, 사회, 정치 등 다양한 분야에 걸쳐 있으며 이는 모두 상호 연결되어 있다. 건강한 땅과 안전한 식량의 제공, 환경 보호, 경제적 안정성 확보, 사회적 안정과 정치적 안정성 유지는 미래 세대에게 건강하고 풍요로운 삶을 보장하기 위한 필수적인 조건이다. 이러한 조건을 충족시키기 위해서는 현재 세대의 적극적인 노력과 지속 가능한 발전을 위한 국가적, 글로벌 차원의 정책과 전략이 필요하다. 지금부터라도 지속 가능한 농업 방식의 채택, 환경 보호를 위한 행동, 경제와 사회, 정치적 안정을 도모하는 정책을 추진함으로써, 미래 세대에게 더 나은 세상을 물려줄 수 있다.

우리에게 주어진 선택: 지금 행동해야 할 이유

영양 결핍과 환경 오염은 미래 세대의 기본적인 건강을 위협하며 이는 만성 질환과 같은 건강 문제로 직접 연결된다. 환경의 파괴는 생태계를 약화시키고 기후 변화를 가속화시키며, 필수 자원의 부족을 초래한다. 이러한 환경 문제는 경제적인 어려움을 불러일으키고 이는 다시 빈곤 심화, 식량 안보 위협, 경제 성장의 저해로 이어진다. 사회적으로는 건강 악화, 환경 파괴, 경제적 어려움이 사회 불안, 갈등, 범죄의 증가로 이어질 수 있으며 이는 결국 정치적 불안정, 갈등, 심지어 전쟁으로까지 확대될 수 있다.

따라서 우리는 지금 행동해야 할 이유가 충분하다. 시간은 점점 줄어들고 있으며 우리가 지금 취하는 조치들은 미래 세대가 직면할 도전을 극복할 수 있는 토대를 마련할 것이다. 미래 세대는 우리의 선택에 책임을 지지 않으며 우리에게는 그들에게 건강하고 풍요로운 미래를 물려 주어야 하는 책임이 있다. 우리가 변화를 만들 수 있는 힘을 가지고 있다. 에코-얼라이브 농업을 실천하고 책임 있는 소비를 장려하여 환경 보호와 지속 가능한 발전을 위한 정책 변화를 촉구함으로써 우리는 미래 세대에게 건강하고 풍요로운 세상을 물려줄 수 있다.

이 모든 노력은 우리가 지금 내리는 결정에 달려있다. 에코-얼라이브 농업의 실천, 책임 있는 소비 문화의 확산, 환경 보호와 지속 가능한 발전을 위한 정책 변화의 촉구는 우리가 미래 세대에게 물려줄 수 있는 가장 가치 있는 유산 중 하나이다. 우리 모두가 함께 힘을 합쳐 이 변화를 만들어 나가야 한다. 지금 우리의 행동이 미래 세대의 삶의 질을 결정짓고, 건강하고 지속 가능한 세상을 만드는 데 결정적인 역할을 할 것이다.

3

에코-얼라이브 농업, 희망의 빛

1) 마법 같은 변화: 척박한 땅을 풍요로운 낙원으로

에코-얼라이브 농업은 단순한 농업 기술의 혁신을 넘어 우리 삶의 방식을 변화시키고 건강하고 풍요로운 미래를 만들어가는 중요한 움직임이다. 이는 생명과학 기술과 자연의 조화를 통해 척박한 땅을 되살리고 안전하고 건강한 식량을 생산하며 환경 오염을 방지하는 희망을 제시한다.

황량한 풍경, 척박한 토양, 희미한 희망… 마치 생명이 숨 쉬지 않는 죽음의 땅 같다. 하지만 에코-얼라이브 농업은 마법처럼 이 땅을 변화시킨다. 마치 사막에 오아시스가 생기는 것처럼 황량했던 땅은 풍요로운 낙원으로 거듭난다.

에코-얼라이브 농업의 핵심은 생명과학 기술과 자연의 조화이다. 스마트 메커니즘 기술은 식물과 미생물 간, 즉 생명체 사이의 상호작용에 의거 필요한 영양분만 정밀하게 생성, 공급한다. 스마트파밍 기술은 작물 생장 생태환경을 최적화하여 풍요로운 수확을 가능하게 한다. 마치 땅의 속삭임을 듣고 작물의 마음을 읽는 듯한 정밀한

시스템 원리가 작동한다.

에코-얼라이브 농업의 변화는 놀랍다. 과거에는 작물이 거의 자라지 않았던 척박한 땅에서도 최소한의 유기물과 첨단 미생물 기술이 탑재된 비료시스템을 접목하면 작물이 천연의 영양분이 풍부하고 안전한 먹거리가 생산된다. 황금빛 밀이 풍요롭게 익어가는 풍경은 마치 희망 그 자체이다.

에코-얼라이브 농업의 효과는 땅에만 국한되지 않는다. 화학비료 투입 없이도 생산량이 확보되고 건강이 증진되면서 농약 사용이 줄어들고 환경 오염이 방지되어 생태계가 보호된다. 마치 자연의 선순환이 리사이클이 아닌 업사이클로 다시 시작되는 것처럼, 건강한 환경은 우리 삶의 터전이 된다.

에코-얼라이브 효모 미생물의 활동

이것은 단순한 농업 기술이 아니다. 이는 우리 삶의 방식을 변화시키고, 건강하고 풍요로운 미래를 만들어가는 중요한 움직임이다. 마치 희망의 씨앗이 뿌려지는 것처럼, 에코-얼라이브 농업은 더 나은 미래를 위한 꿈을 실현할 수 있다.

에코-얼라이브 농업의 성공을 위해서는 정부, 기업, 시민 사회의 협력과 노력이 필요하다. 정부는 연구 개발에 투자하고, 농민들에게 교육과 지원을 제공하며 에코-얼라이브 농산물 유통 시스템을 구축해야 한다. 기업은 에코-얼라이브 농업 기반을 조성하고 에코-얼라이브 농산물 유통을 지원하며, 환경 친화적인 기업 활동을 실천해야 한다. 시민 사회는 에코-얼라이브 농산물 소비를 확대하고 환경 운동에 참여하며 책임 있는 소비 문화를 확산해야 한다.

최상품 수확량 증가

소비자

- 에코-얼라이브 농산물 선택: 에코-얼라이브 농산물과 가공식품을 선택 함으로써 농민들에게 에코-얼라이브 농업을 실천할 수 있도록 경제적 지 원 효과를 기할 수 있다.
- 책임 있는 소비 문화 확산: 에코-얼라이브 농산물의 중요성을 알리고 주 변 사람들에게 '그린하다' 철학이 담긴 브랜드 상품의 책임 있는 소비 문 화를 확산할 수 있다.

농민

- 에코-얼라이브 농법 채택: 에코-얼라이브 농법을 채택함으로써 척박한 땅을 되살리고 건강하고 안전한 작물을 생산할 수 있다.
- 친환경 농업 실천: 화학비료와 농약 사용을 줄이고 자연 친화적인 생태농

업 방식을 실천할 수 있다.

정부

- 에코-얼라이브 농업 지원 정책 마련: 에코-얼라이브 농업 연구 개발 지원 및 생산기반 투자, 농민들에게 교육 및 지원 제공, 에코-얼라이브 농산물 유통 시스템 구축
- 환경 보호 정책 강화: 토양 오염 방지, 생태계 보호, 기후 변화 대응 정책 강화, ESG 선도
- 사회 안전망 구축: 영양 결핍 및 환경 문제로 어려움을 겪는 사람들에게 사회 안전망 제공

기업

- 지속 가능한 농업 기반 조성: 에코-얼라이브 농업 관련 기술 개발, 에코-얼라이브 농산물과 가공식품 유통 지원
- 에코-얼라이브 농산물 유통 지원: 에코-얼라이브 농산물 유통 시스템 구축, 소비자들에게 에코-얼라이브 농산물과 가공식품 제공
- 환경 친화적인 기업 활동: 생산 과정에서 환경 오염 최소화, 에너지 절약, 재활용을 넘어 업사이클 확대, ESG 선도

시민 사회

- 에코-얼라이브 농산물 소비: 에코-얼라이브 농산물과 가공식품을 구매하고 소비함으로써 에코-얼라이브 농업을 지지할 수 있다.
- 환경 운동 참여: 토양 오염 방지, 환경 보호, 기후 변화 대응, ESG 선도

등의 환경 운동에 참여할 수 있다.

- 책임 있는 소비 문화 확산: 에코-얼라이브 농산물과 브랜드 상품의 중요성을 알리고 주변 사람들에게 '그린하다' 철학이 담긴 브랜드 상품의 책임 있는 소비 문화를 확산할 수 있다.

이제 우리는 에코-얼라이브 농업의 마법을 직접 경험할 수 있다. 에코-얼라이브 농산물과 가공식품을 소비하고, 환경 보호 활동에 참여하며 '그린하다' 철학이 담긴 브랜드 상품의 책임 있는 소비 문화를 확산하면서 희망의 빛을 더욱 밝혀 나가야 한다.

2) 세 가지 선물: 생명이 넘치는 식탁, 자연과의 조화, 정의로운 세상

에코-얼라이브 농업은 단순한 농업 기술을 넘어 우리에게 세 가지 소중한 선물을 선물한다.

첫 번째 선물은 생명이 넘치는 식탁이다. 에코-얼라이브 농업으로 생산된 식량은 화학비료와 농약의 잔류물이 적고 영양분이 풍부하여 안전하고 건강하다. 마치 자연의 생명력이 그대로 담겨 있는 듯한 식탁은 우리에게 건강과 행복을 선사한다.

두 번째 선물은 자연과의 조화이다. 에코-얼라이브 농업은 토양 오염을 방지하고 생태계를 보호하며, 지속 가능한 농업을 실천한다. 마치 자연과 인간이 하나 되어 살아가는 듯한 조화로운 삶은 우리에게 미래를 위한 희망을 제시한다.

세 번째 선물은 정의로운 세상이다. 에코-얼라이브 농업은 연작장애나 염류집적 등 오염되고 척박한 땅에서도 이를 복원 후 풍요로운 생산을 가능하게 하여 식량 부족 문제 해결에 기여한다. 마치 모두가 함께 먹고 살아갈 수 있는 정의로운 세상을 만들어가는 듯한 노력은 우리에게 더 나은 미래를 위한 꿈을 실현한다.

이 세 가지 선물은 서로 연결되어 있다. 생명이 넘치는 식탁은 건강한 삶의 기반이며, 자연과의 조화는 지속 가능한 미래를 위한 필수 조건이다. 정의로운 세상은 모두가 함께 풍요로운 삶을 누릴 수 있는 사회를 의미한다.

에코-얼라이브 농업은 이러한 세 가지 선물을 통해 우리에게 더 나은 미래를 제시한다. 이는 단순한 꿈이 아닌, 우리 모두의 노력으로 현실화할 수 있는 목표이다. 에코-얼라이브 농업의 세 가지 선물을 받아들이고 함께 만들어가는 더 나은 미래에 참여하자!

에코-얼라이브 농업은 우리에게 생명이 넘치는 식탁, 자연과의 조화, 정의로운 세상을 열고 이를 선도할 수 있다.

4
생명이 넘치는 살아있는 식탁

생명이 넘치는 식탁: 건강과 풍요로움을 되찾다

첫째, 안전하고 건강한 식량: 화학비료 사용 없이 농약 사용을 획기적으로 줄이고 자연 친화적인 방식으로 농업을 실천하여 안전하고 건강한 먹거리를 생산한다.

둘째, 영양분 풍부한 식품: 토양 건강을 개선하고 작물 생장 환경을 최적화하여 천연 영양분과 고유의 약리성이 풍부한 먹거리를 생산한다.

셋째, 다양한 먹거리 선택: 다양한 작물을 쉽고 건실하게 재배할 수 있어서 소비자들에게 다양한 먹거리 선택 옵션을 제공한다.

1) 영양분이 풍부한 먹거리: 우리 몸과 마음에 필요한 영양 공급

에코-얼라이브 농업은 합성화학제제의 사용을 줄이고 자연 생태 친화적인 방식으로 농업을 실천함으로써 영양분이 풍부한 먹거리를 생산한다. 이러한 접근 방식은 우리의 식탁을 단순히 풍성하게 만드는 것을 넘어서 우리 몸과 마음에 필요한 영양을 공급하고 전반적인 건강과 웰빙을 향상시킨다. 에코-얼라이브 농업이 실천하는 토양 건강 개선, 자연적인 성장 환경 조성, 종자 다양성의 보존은 다양한 작물에서 영양소를 균형 있게 섭취할 수 있도록 함으로써 면역력 강화, 피로 해소, 정신 건강 개선에 기여한다.

특히 연구 결과에 따르면 에코-얼라이브 농법으로 재배된 농산물은 기존 관행 농산물에 비해 영양분 함량이 높은 것으로 나타났는데, 이는 양평군 농업기술센터와 호주 남호주 R&D 연구소에서의 상추와 당근 재배 실험을 통해서도 확인되었다. 이러한 연구 결과는 환경 친화적인 농업 방식이 영양 면에서도 우수한 결과를 가져올 수 있음을 시사한다. 또한 에코-얼라이브 농법을 통해 재배된 작물을 섭취한 소비자들은 천연의 맛과 향, 가공 시의 고유한 풍미를 경험했다고 보고하고 있으며 이는 건강한 식생활을 추구하는 많은 사람들에게 매력적인 선택지가 될 수 있다.

에코-얼라이브 농업의 실천은 단순한 농업 방식의 변화를 넘어서 건강한 생활 방식과 지속 가능한 식문화를 만들어가는 데 필수적인 요소이다. 이러한 방식으로 재배된 농산물은 우리 몸에 필요한 다양한 영양소를 제공할 뿐만 아니라 면역력을 높이고 일상 생활에서의 피로를 해소하며 정신 건강을 유지하는 데 도움을 준다. 따라서 에코-얼라이브 농업은 건강한 삶을 위한 필수 요소로서 우리 모두가 지지하고 참여해야 할 중요한 농업 실천 방식이다.

에코-얼라이브 농법을 이용해 작물을 재배한 농민들은 높은 생산성은 물론 농작물 품질의 우수성에 공감대가 확장되고 있으며, 소비자들은 섭취한 농산물의 천연의 맛과 향 그리고 가공 시 고유의 풍미가 깊다고 경험을 보고했다.

2) 환경 호르몬 없는 안전한 식품: 건강한 삶을 위한 필수 요소

환경 호르몬은 인간의 내분비계를 교란하여 암, 생식 장애, 발달 장애, 면역력 약화와 같은 다양한 건강 문제를 유발할 수 있는 위험한 물질이다.

에코-얼라이브 농업은 합성화학제제에 의존하지 않고 자연 친화적인 방식으로 농업을 실천하여 환경 호르몬 없는 안전한 식품을 생산한다. 이러한 식품은 우리의 건강을 보호하고 특히 어린이와 성장기 청소년의 건강에 미치는 위험을 줄이기 때문에 지속 가능한 미래를 만드는 데 중요한 역할을 한다.

에코-얼라이브 농업은 자연적인 생태계와 토양 건강을 기반으로 하며 화학 물질의 사용을 피함으로써 환경 호르몬의 발생 위험을 대폭 줄인다. 자연적인 농업 방식과 토양 건강 개선을 통해 농작물은 환경 호르몬으로부터 오염될 가능성이 적으며 이는 소비자에게 더 안전한 식품을 제공한다. 또한 건강한 토양은 환경 호르몬을 자연적으로 분해하고 제거하는 데 도움을 줄 수 있다.

환경 호르몬 없는 안전한 식품을 섭취함으로써 우리는 앞서 언급한 환경 호르몬 관련 질병을 예방할 수 있다. 에코-얼라이브 농업의 실천은 단지 환경 호르몬 노출을 줄이는 것만이 아니라 지속 가능한 농업 방식을 통해 우리 모두가 건강한 삶을 영위할 수 있는 토대를 마련한다. 자연과의 조화로운 공존을 추구하며 우리 자신과 미래 세대의 건강을 위해 환경 호르몬 없는 안전한 식품을 선택하는 것은

건강한 삶을 위한 필수 요소이다.

3) 다양한 식량 생산: 풍요로운 식탁을 만들어 나가다

에코-얼라이브 농업은 다양한 작물의 재배를 통해 풍요로운 식탁을 구현하며 이는 단순한 식량의 다양성을 넘어서 건강하고 지속 가능한 식생활의 기반을 마련한다. 기존의 단일 작물 재배 방식이 토양의 건강을 해치고 생태계의 다양성을 감소시킨다면 에코-얼라이브 농업은 토양의 건강을 중시하고 생태계의 다양성을 보호함으로써 다양한 식량을 생산하는 방식으로 접근한다. 이는 영양의 균형을 제공하고 식량 안보를 강화하며, 지역 경제를 활성화하는 다양한 장점을 가지고 있다.

에코-얼라이브 농업이 실천하는 건강한 토양 관리, 자연 친화적인 농업 방식, 지역 특성에 맞는 다양한 작물의 재배는 지속 가능한 식량 생산을 가능하게 하며 이는 다양하고 건강한 식단을 통해 우리의 삶의 질을 높인다. 또한 이러한 방식은 지역의 식량 자립도를 높이고 글로벌 기후 변화와 같은 큰 도전에 대응하는 데 필수적인 역량을 강화한다.

국제 유기농 농업 운동 연맹IFOAM, 미국 로데일 연구소, 한국 농촌진흥청과 같은 기관들은 다양한 유기농 작물의 재배를 지원하고 지속 가능한 농업 방식에 대한 연구와 교육을 통해 이러한 실천을 홍보하고 지원하는 데 앞장서고 있다. 이러한 기관들의 노력은 에코-얼라이브 농업이 가져오는 실질적인 변화를 보여주며 더 많은 농부들과 소비자들이 이러한 지속 가능한 농업 방식을 이해하고 채택하도록 독려한다.

에코-얼라이브 농업을 통한 다양한 식량 생산은 단순히 풍요로운 식탁을 넘어서 우리 모두가 직면한 환경적, 사회적 도전에 대한 해답을 제공한다. 다양한 작물의 재배는 생태계의 건강을 유지하고 영양 균형 잡힌 식단을 제공하며 식량 안보를 강화하고 지역 경제를 활성화하는 등 다방면에서 긍정적인 영향을 미친다. 따라서 에코-얼라이브 농업의 지지와 참여는 건강하고 풍요로운 미래를 위한 우리 모두의 책임이며 지속 가능한 식량 생산과 소비 문화의 형성을 통해 이를 실현할 수 있다.

자연 생태와의 조화

> **자연과의 조화: 지속 가능한 미래를 위한 노력**
>
> 1. **토양 오염 방지**: 스마트 시스템 기술 및 스마트파밍 기술을 활용하여 토양 오염을 방지하고 토양 건강을 개선한다.
> 2. **생태계 보호**: 합성화학제에 일절 의존하지 않거나 혹은 화학비료와 농약 사용을 획기적으로 줄여 생태계를 보호하고 생물 다양성을 증진한다.
> 3. **지속 가능한 농업**: 미래 세대에게 건강한 환경을 물려줄 수 있도록 오염 토양을 복원하는 기술로 지속 가능한 농업 방식을 실천한다.

1) 토양 오염 방지: 깨끗한 환경 보호

토양은 생명의 근원이며 지속 가능한 농업의 기반이다. 하지만 기존 농업 방식은 화학비료와 농약 남용으로 인해 토양 오염이라는 심각한 문제에 직면해 있다. 토양 오염은 토양 건강을 악화시키고 식량 생산 감소, 환경 오염, 생태계 파괴 등을 초래한다.

에코-얼라이브 농업은 화학비료 및 농약의 사용을 최소화하고 자연 친화적인 농업 방식을 채택함으로써 토양 오염을 방지한다. 유기농 비료 사용, 생물농약의 활용, 토양 관리 기법의 개선을 통해 토양 유기물의 함량을 증가시키고 토양 구조를 개선하여, 토양의 건강을 유지하고 토양 오염에 대한 저항력을 높이는 것을 목표로 한다.

이러한 방식을 통해 에코-얼라이브 농업은 식량 생산을 증대시키고 환경 오염을 감소시키며 생태계를 보존하는 등 다양한 긍정적인 효과를 제공한다. 건강한 토양은 풍부한 영양분을 작물에 제공하여 식량 생산량을 증가시키고 토양 오염으로 인한 수질 오염과 대기 오염을 줄이며 토양의 생물 다양성을 보호하여 생태계의 건강을 유지한다.

에코-얼라이브 농업을 통한 토양 오염 방지는 단순히 토양을 보호하는 것을 넘어 깨끗한 환경을 보호하고 지속 가능한 미래를 만들기 위한 우리 모두의 책임이다. 지속 가능한 농업 방식을 채택하고 확산시킴으로써 우리는 미래 세대에게 건강한 토양과 깨끗한 환경을 물려줄 수 있으며 이는 모든 생명체가 번영할 수 있는 기반을 마련하는 데 필수적이다.

2) 생물 다양성 증진: 자연과의 공존

생물 다양성은 생태계 건강과 지속 가능한 농업의 중요한 요소이다. 다양한 종들이 공존하는 생태계는 균형 잡힌 환경을 유지하고 농업 생산성을 높여준다. 하지만 기존 농업 방식은 단일 작물 재배, 화학 물질 사용 등으로 인해 생물 다양성 감소라는 심각한 문제를 야기하고 있다.

생물 다양성은 지구의 건강과 균형을 유지하는 데 필수적이며 지속 가능한 농업과 인류의 생존에 중요한 기반을 제공한다. 다양한 종이 공존하는 생태계는 농업 생산성을 높이고 해충 관리 및 질병 예방에 자연스러운 해결책을 제공한다. 그러나 현대 농업의 일부 방식, 특히 단일 작물 재배와 화학 물질의 과도한 사용은 토양과 생태계의 건강을 해치며 생물 다양성 감소를 초래하여 이러한 자연의 균형을 방해하고 있다.

이에 대응하여 에코-얼라이브 농업은 생물 다양성을 증진시키고 자연과의 공존을 모색하는 지속 가능한 농업 방식을 실천한다. 다양한 작물의 재배를 장려하고 화학 물질의 사용을 최소화하며 자연 서식지를 보호함으로써 생물 다양성을 유지하고 농업 생산성을 향상시킨다. 이러한 실천은 농업의 생산성을 높이는 동시에 환경 보호에 기여하며 지속 가능한 미래를 위한 건강한 환경과 풍요로운 자연을 미래 세대에게 물려줄 수 있는 기반을 마련한다.

에코-얼라이브 농업을 통한 생물 다양성의 증진은 단순히 생태계를 보호하는 것을 넘어서 인류가 직면한 많은 환경 문제들, 예를 들어 기후 변화, 식량 안보, 환경 오염 등에 대한 해결책을 제공한다. 다양한 생물 종의 공존은 자연의 복잡한 네트워크와 상호 작용을 통해 지구의 건강을 유지하며 이는 우리 모두의 삶의 질을 향상시킨다. 따라서 우리는 생물 다양성을 증진시키고 이를 통해 자연과 공존하는 지속 가능한 미래를 만드는 데 중요한 역할을 하는 에코-얼라이브 농업을 지지하고 참여해야 한다.

3) 기후 변화 대응: 지속 가능한 미래를 위한 책임

기후 변화는 우리 시대의 가장 큰 과제이며 농업은 기후 변화의 주요 원인이자 영향을 받는 분야이다. 기존 농업 방식은 온실 가스 배출, 토양 탄소 감소, 물 사용량 증가 등을 통해 기후 변화를 악화시키고 있으며 기후 변화는 농업 생산 감소, 식량 가격 상승, 식량 불안정 등을 초래한다.

기후 변화는 현대 사회가 직면한 가장 큰 도전 중 하나로 농업은 이 문제의 주요 원인 중 하나이자 직접적인 영향을 받는 분야이다. 전통적인 농업 방식이 온실 가스 배출 증가, 토양 내 탄소 저장량 감소, 물 사용량 증가 등을 통해 기후 변화 문제를 심화시키는 것과 달리 에코-얼라이브 농업은 이러한 문제에 대응하여 지속 가능한 미래를 구현하기 위한 중요한 방법을 제시한다. 에코-얼라이브 농업

(상) 관행처리구 / (하) 에코-얼라이브 처리구

은 화학비료와 농약의 사용을 줄이고 토양의 건강을 개선하며 에너지 효율적인 농업 방식을 채택함으로써 온실 가스 배출을 감소시키고 토양 내 탄소 고정 능력을 향상시키며 물 사용의 효율성을 높이는 방식으로 기후 변화에 대응한다.

이러한 접근 방식은 농업 생산의 안정화를 도모하고 식량 안보를 강화하는 동시에 환경을 보호하고 미래 세대에게 건강하고 풍요로운 자연을 물려주기 위한 우리의 책임을 다하는 것을 목표로 한다. 우리 모두 에코-얼라이브 농업을 지지하고 참여하여 건강하고 풍요로운 미래를 만들어 나가야 한다.

생명공존 세상

정의로운 세상: 모든 생명체가 함께 살아가는 세상

1. **식량 부족 문제 해결:** 오염되고 척박한 땅에서도 스마트 메커니즘으로 풍요로운 생산을 가능하게 하여 식량 부족 문제 해결에 기여한다.
2. **농민 소득 증대:** 에코-얼라이브 농산물의 차별화된 품질과 높은 부가 가치를 통해 농민 소득 증대를 지원한다.
3. **생태친화 선도:** 에코-얼라이브 농업을 통한 생태마을 조성 및 생태친화 선도 커뮤니티로서 지역 사회 발전 및 빈곤 감소에 기여한다.

---

1) 안전하고 건강한 생태계: 모든 생명체의 삶을 위한 기반

에코-얼라이브 농업은 안전하고 건강한 생태계의 조성을 통해 모든 생명체의 삶을 지탱하는 근본적인 기반을 마련한다. 전통적인 농업 방식이 화학 물질의 사용과 단일 작물 재배 등으로 생태계를 파괴하고 생물 다양성을 줄여왔다면, 에코-얼라이브 농업은 이러한 문제들을 해결하고자 하는 방향으로 진행된다. 화학비료와 농약의 사용을 최소화하고 다양한 작물의 재배와 자연 서식지의 보존을 통해 생태계의 건강을 개선하고 생물 다양성을 보호한다. 또한 토양 유기물의 함량을 증가시키고 토양 구조를 개선함으로써 토양 건강을 유지하고 생태계의 기반을 강화한다.

이러한 노력은 깨끗한 물과 공기를 제공하여 인간과 동물의 건강을 보호하는 효과를 가지며 건강한 생태계는 다양한 작물의 재배를 가능하게 하여 풍요로운 식량 생산을 지원한다.

에코-얼라이브 농업의 실천은 단순히 농업 방식의 변화를 넘어 우리 모두가 함께 만들어가는 변화이다. 건강하고 지속 가능한 생태계를 위해 우리는 모두 에코-얼라이브 농업을 지지하고 참여해야 한다. 이를 통해 안전하고 건강한 생태계를 조성하고 모든 생명체의 삶을 위한 견고한 기반을 마련할 수 있다. 이러한 노력은 결국 건강하고 풍요로운 미래를 만들어나가는 데 결정적인 역할을 할 것이다.

2) 빈곤과 기아 해결: 정의로운 세상을 위한 노력

빈곤과 기아는 인류가 직면한 심각한 문제이며 이는 식량 생산 및 분배 시스템의 불평등과 밀접한 관련이 있다. 에코-얼라이브 농업은 지속 가능한 식량 생산과 공정한 분배를 통해 빈곤과 기아 해결에 기여한다.

에코-얼라이브 농업은 토양 건강을 개선하고 생물 다양성을 증진시켜 식량 생산량을 늘리며, 식량 안보를 강화한다. 이러한 방식으로 소규모 농가의 생산성을 향상시키고 지역 경제를 활성화시켜 일

에코-얼라이브에 의해 살아있는 유기농장을 취재하는 모습(서울경제TV 촬영팀)

자리를 창출함으로써 빈곤 탈출에 도움이 될 수 있다.

또한 다양한 식량 생산과 공정한 분배를 통해 영양 균형 잡힌 식단을 제공하고 건강한 식량 섭취를 통해 건강을 증진시키며 질병을 예방하도록 한다. 이는 빈곤과 기아로 인한 문제를 해결하고 사람들의 삶의 질을 향상시키는 데 중요한 역할을 한다.

따라서 우리 모두는 에코-얼라이브 농업을 지지하고 참여함으로써 모든 사람이 건강하고 풍요로운 삶을 누릴 수 있는 세상을 만들기 위한 노력에 기여해야 한다. 이러한 노력은 단순히 식량 생산량을 늘리는 것을 넘어서 공정한 분배와 지역 경제의 활성화를 통해 빈곤과 기아 문제를 근본적으로 해결하고 모든 사람이 인간다운 삶을 누릴 수 있는 세상을 만드는 데 중요한 단계이다.

에코-얼라이브 농업은 빈곤과 기아 해결을 통해 정의로운 세상을 만드는 데 중요한 역할을 한다. 우리 모두 에코-얼라이브 농업을 지지하고 참여하여 모든 사람이 건강하고 풍요로운 삶을 누릴 수 있도록 노력해야 한다.

3) 미래 세대에게 물려줄 건강한 환경: 우리의 책임

현재 우리가 선택하는 농업 방식은 미래 세대에게 물려줄 환경에 큰 영향을 미친다. 기존 농업 방식은 토양 오염, 생물 다양성 감소, 기후 변화 등을 통해 환경을 파괴하고 미래 세대에게 심각한 위협을 가하고 있다.

현재 우리가 취하는 농업 방식은 미래 세대에게 물려줄 환경에 중대한 영향을 끼친다. 기존의 농업 방식은 토양 오염, 생물 다양성의

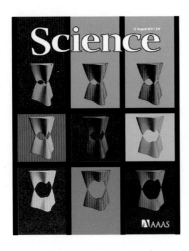

[사이언스 Issue]
The Plant-Fungal Marketplace
식물과 곰팡이의 '공정거래'
식물이 탄수화물 주면 곰팡이는 질소·인 제
공… 서로 이익 얻는 상리공생(相利共生)
과학자들은 콩과(科)식물과 곰팡이가 '공정거
래'의 규칙을 지켜 4억 5000만 년 동안 아
름다운 공생(共生)을 할 수 있었다는 사실을
밝혀냈다.
〈ChosunBiz, 2011.8.23.〉

감소, 기후 변화 등을 야기하며 환경을 파괴하고, 이는 미래 세대에게 심각한 위협이 된다. 이러한 문제에 대응하여 에코-얼라이브 농업은 지속 가능한 농업 방식을 통해 미래 세대에게 건강한 환경을 물려줄 수 있는 솔루션을 제시한다.

에코-얼라이브 농업이 추구하는 건강한 환경은 깨끗한 토양, 풍부한 생물 다양성 그리고 안정적인 기후라는 세 가지 핵심 요소로 구성된다. 이는 미래 세대가 건강하고 풍요로운 삶을 누릴 수 있는 기반을 마련해 준다. 에코-얼라이브 농업은 유기농 비료 사용과 토양 관리 방식의 개선을 통해 토양 건강을 유지하고 다양한 작물 재배와 자연 서식지의 보존을 통해 생태계의 건강을 개선한다. 또한 온실가스 배출 감소와 에너지 효율적인 농업 방식을 채택하여 기후 변화에 적극적으로 대응함으로써 미래 세대에게 안정적인 환경을 물려주고자 한다.

미래 세대에게 건강한 환경을 물려주는 책임은 우리 모두에게 있다. 이를 위해 에코-얼라이브 농업을 지지하고 참여함으로써 우리는 미래 세대가 직면할 환경적 위협을 최소화하고, 그들이 건강하고 풍요로운 삶을 누릴 수 있는 기반을 마련할 수 있다. 이는 단순한 선택이 아니라 우리 모두의 책임이며 지금 우리가 취하는 행동이 미래 세대의 삶의 질을 결정짓게 한다. 따라서 에코-얼라이브 농업과 같은 지속 가능한 농업 방식을 채택하고 확산시키는 일은 단순한 농업의 문제를 넘어서, 건강한 미래를 위한 우리의 공동의 노력이 되어야 한다.

7

'그린하다' 농업의 미래

1) 소비자의 역할: 책임 있는 소비 문화 확산

에코-얼라이브 농산물 선택: 건강하고 지속 가능한 소비

소비자는 에코-얼라이브 농산물을 선택함으로써 건강과 지속 가능성을 동시에 추구할 수 있다. 에코-얼라이브 농산물은 화학비료와 농약의 사용을 최소화하여 생산되기 때문에 인체에 해로운 화학 물질의 잔류가 적으며 토양에서 얻은 영양분이 풍부하여 일반 농산물보다 높은 영양가를 제공한다. 또한 엄격한 생산 관리 시스템을 통해 안전성이 보장된다.

에코-얼라이브 농업은 환경 보호에도 크게 기여한다. 토양 오염과 생물 다양성의 감소를 방지하며 기후 변화 문제에도 긍정적인 영향을 미친다. 이러한 농법은 지역 사회의 발전에도 기여하며 소규모 농가를 지원하고 지역의 특성에 맞는 농업 발전을 도모한다. 이는 궁극적으로 농업의 미래를 보장하며 지속 가능한 방식으로 식량을 생산하는 데 필수적이다.

소비자들은 유기농 인증 마크나 에코-얼라이브 인증 마크를 확인하여 이러한 농산물을 구매할 수 있다. 지역 농산물을 구매함으로써 운송 과정에서 발생하는 환경 오염을 줄이고 지역 경제를 활성화 할 수 있다. 또한 계절별로 생산되는 농산물을 구매함으로써 농산물의 맛과 영양을 극대화하고 환경 오염을 줄일 수 있다.

소비자의 이러한 책임 있는 선택은 에코-얼라이브 농업을 확산시키고 건강하며 지속 가능한 미래를 만드는 데 있어 중요하다. 이는 단순히 더 건강하고 안전한 식품을 선택하는 것을 넘어서 환경 보호와 지속 가능한 농업을 발전하게 하고 지역 사회와 경제에도 긍정적인 영향을 미치는 행동이다. 따라서 소비자들의 의식 있는 결정과 행동은 에코-얼라이브 농업의 확산과 그에 따른 긍정적인 사회적, 환경적 변화를 이끌어내는 데 결정적인 역할을 한다.

소비자 인식 개선: 에코-얼라이브 농업의 중요성 이해

에코-얼라이브 농업의 확산을 위해서는 소비자의 인식 개선이 중요하다. 소비자들이 에코-얼라이브 농업의 중요성을 이해하고 책임감 있는 소비를 실천해야만 지속 가능한 미래를 만들 수 있다.

이를 위해 에코-얼라이브 농업의 장점과 건강 및 환경에 미치는 긍정적인 영향에 대한 교육과 홍보를 강화하는 것이 중요하다. 농장 체험, 농산물 직거래 등을 통해 소비자들이 직접 에코-얼라이브 농업을 경험할 수 있는 프로그램 운영도 중요하며 에코-얼라이브 농산물 관련 정보와 구매 방법 등을 소비자들에게 제공하여 의식 있는 소비 선택을 돕는 것도 필요하다.

국제 유기농 농업 운동 연맹IFOAM, 미국 로데일 연구소, 한국 농촌진흥청과 같은 기관들은 이미 웹사이트, 소셜 미디어, 농장 체험 프로그램, 교육 워크샵, 유기농 농산물 박람회 등을 통해 유기농 농업과 에코-얼라이브 농법에 대한 정보를 제공하고 소비자들의 인식을 개선하기 위한 다양한 활동을 진행하고 있다. 이러한 노력은 소비자들이 유기농 및 에코-얼라이브 농산물의 가치를 인식하고 이를 기반으로 한 소비 결정을 내리는 데 큰 도움을 준다.

소비자 인식의 개선은 단순히 정보의 전달을 넘어서 실질적인 행동 변화를 이끌어내는 데 중요하다. 소비자들이 에코-얼라이브 농업의 중요성을 깊이 이해하고 이를 통해 지속 가능한 농업 방식을 지지하며 건강하고 안전한 식품을 선택하는 행동으로 이어질 때 진정한 의미에서의 지속 가능한 미래를 향한 큰 걸음을 내딛게 된다. 따라서 정부, 기관, 기업, 교육 기관 등 사회의 다양한 주체들이 함께 협력하여 교육과 홍보 활동을 강화하고 소비자들에게 실질적인 경험 기회를 제공함으로써 에코-얼라이브 농업의 가치를 널리 알리고 소비자 인식을 지속적으로 개선해 나가는 노력이 필요하다. 이러한 노력을 통해 소비자들은 책임감 있는 선택을 하게 되며 이는 건강하고 지속 가능한 미래를 만드는 데 결정적인 역할을 하게 된다.

에코-얼라이브 농업의 확산을 위해서는 책임 있는 소비 문화를 확산하는 것이 중요하다. 책임 있는 소비 문화는 단순히 에코-얼라이브 농산물을 구매하는 것을 넘어 생산 과정, 환경 영향, 사회적 책임 등을 고려하여 소비하는 문화를 의미한다.

책임 있는 소비 문화의 확산은 에코-얼라이브 농업을 넘어 지속 가능한 사회를 만드는 데 있어 필수적이다. 이는 소비자들이 단순히 제품을 구매하는 행위를 넘어 그 제품의 생산 과정, 환경에 미치는 영향과 사회적 책임 등을 심도 있게 고려하는 문화를 말한다. 이러한 책임 있는 소비 문화를 확산하기 위해서는 소비자 교육의 강화, 관련 정보의 제공 확대와 함께 지속 가능한 소비를 장려하는 캠페인의 진행이 중요하다.

교육 프로그램을 통해 소비자들이 책임 있는 소비의 중요성을 인식하고 이를 일상에서 실천할 수 있도록 동기를 부여해야 한다. 또한 에코-얼라이브 농산물뿐만 아니라 그 농산물이 어떻게 생산되었는지 환경에 미치는 영향은 무엇인지 그리고 그 생산이 지역 사회에 어떤 긍정적인 효과를 가져오는지 등에 대한 정보를 소비자들에게 제공함으로써 소비자들이 더 의미 있는 소비 결정을 내릴 수 있도록 해야 한다. 이와 더불어 지속 가능한 소비를 장려하는 다양한 캠페인을 통해 책임 있는 소비 문화를 사회 전반에 확산시키는 노력도 필요하다.

책임 있는 소비 문화의 확산은 단순히 개인의 건강한 생활 선택을 넘어서 지속 가능한 사회를 만드는 데 기여하는 중요한 행위이다. 소비자들이 책임 있는 소비를 실천함으로써 환경 보호에 기여하고 지역 사회의 발전을 지원하며 지속 가능한 농업 방식을 확산시킬 수 있다. 이러한 소비자의 행동 변화는 에코-얼라이브 농업뿐만 아니라 지속 가능한 사회 전반에 긍정적인 변화를 가져오는 중요한 동력이 된다. 따라서 정부, 기업, 교육 기관, 비영리 기관 등 사회의 모든 구성원이 함께 협력하여 책임 있는 소비 문화를 확산시키는 데 힘써야 한다.

2) 농민의 역할: 친환경 농업 실천을 통한 변화

에코-얼라이브 농법 채택: 토양 건강 회복, 건강한 식품 생산

에코-얼라이브 농법은 토양 건강 회복과 건강한 식품 생산을 통해 지속 가능한 미래를 만들 수 있다. 기존의 전통적인 농업 방식이 화학 물질의 과도한 사용, 단일 작물 재배, 비효율적인 토양 관리 등으로 인해 환경 오염을 야기하고 토양 건강을 해치는 문제를 일으킨 것과 달리 에코-얼라이브 농법은 자연과의 조화를 중시한다. 이 방법은 화학비료와 농약의 사용을 최소화하고 토양 관리를 통해 유기물의 함량을 증가시키며 다양한 작물의 재배를 장려하여 생태계의 건강과 생물 다양성을 증진시킨다.

이러한 방식으로, 에코-얼라이브 농법은 토양의 구조를 개선하고 생물 다양성을 증진시키며 화학 물질의 잔류물이 감소된 건강한 식품을 생산함으로써 식품 안전성을 향상시킨다. 이는 또한 환경 보호에 직접적으로 기여하며 기후 변화에 대응하는 등 지속 가능한 식량 생산 시스템의 구축을 가능하게 한다.

국제 유기농 농업 운동 연맹IFOAM, 미국 로데일 연구소, 한국 농촌 진흥청 등 다양한 기관들은 에코-얼라이브 농법의 교육, 연구 및 기술 지원을 통해 전 세계 농민들이 이 지속 가능한 농업 방식을 채택할 수 있도록 돕고 있다. 이러한 노력은 농민들이 건강한 농업 환경을 조성하고 생산 비용을 절감하는 동시에 농산물의 가치를 높이고 있다.

에코-얼라이브 농법의 채택은 단순히 농업 기술의 변화를 넘어서 농민과 소비자, 환경 모두에게 긍정적인 영향을 미치는 지속 가능

한 미래로의 전환을 의미한다. 이러한 농법을 통해 생산된 건강하고 안전한 농산물은 소비자에게 더 나은 식생활을 제공하며 환경 보호와 생물 다양성 증진을 통해 지구의 건강을 유지하는 데 중요한 역할을 한다. 따라서 농민들의 적극적인 참여와 지속적인 노력을 통해 에코-얼라이브 농법을 확산시켜 우리 모두가 더 나은 미래를 만들어 가야 할 것이다.

기술 교육 및 지원: 농민의 역량 강화

에코-얼라이브 농법은 기존 농업 방식과는 다른 기술과 지식을 필요로 한다. 따라서 농민들의 역량 강화는 에코-얼라이브 농법 확산을 위한 중요한 과제이다. 에코-얼라이브 농법의 성공적인 채택과 확산을 위해서는 농민들이 이 농법에 필요한 기술과 지식을 습득하는 것이 매우 중요하다. 이를 위해 다양한 기관과 정부는 농민들에게 기술 교육을 제공하고 전문가의 지원을 통해 문제 해결을 돕고 에코-얼라이브 농법에 관한 정보를 공유할 수 있는 플랫폼을 구축해야 한다. 이러한 지원은 농민들이 새로운 농업 방식을 더 쉽게 이해하고 적용할 수 있도록 하며 농업의 지속 가능성을 향상시키는 데 기여한다.

농민들의 역량 강화는 에코-얼라이브 농법의 채택을 확대하고 농산물의 생산성과 품질을 향상시키는 핵심 요소이다. 이를 통해 농민들은 더 나은 소득을 얻을 수 있고 소비자들은 더 건강하고 안전한 식품을 소비할 수 있게 된다. 또한 환경 보호와 생물 다양성 증진에도 기여하며 농업의 지속 가능한 발전을 촉진한다.

일죽초등학교 학생들과 함께 하는 얼스라이프 프로젝트(Earth Life Project)

    정부, 기관, 기업 등 다양한 주체들의 지원은 농민들이 필요로 하는 기술 교육을 제공하고 에코-얼라이브 농법의 채택과 확산을 가속화한다. 정부는 교육 프로그램의 지원, 전문가 육성, 정보 공유 플랫폼의 구축 등을 통해 농민들의 역량 강화를 돕고, 기관들은 교육 프로그램의 개발과 전문가 교류를 통해 글로벌 네트워크를 형성한다. 기업은 기술 개발 투자, 마케팅 지원 등을 통해 농민들과 협력하며 이를 통해 에코-얼라이브 농산물의 생산과 소비를 촉진한다.

이처럼 농민들의 역량 강화는 에코-얼라이브 농법의 성공적인 채택과 지속 가능한 농업 발전을 위해 필수적인 과정이다. 이를 위한 교육과 지원은 농민들이 직면한 도전을 극복하고 더 나은 농업 방식을 향한 전환을 가능하게 하는 중요한 토대를 마련한다.

농민, 정부, 기관, 기업의 협력을 통해 농민 역량 강화를 위한 효과적인 시스템을 구축하고 에코-얼라이브 농법 확산을 가속화할 수 있다.

농업 공동체 형성: 정보 공유, 협력 강화

농업 공동체 형성은 에코-얼라이브 농업의 확산과 지속 가능한 발전을 위한 중요한 전략이다. 농업 공동체는 농민들이 서로 정보를 공유하고 경험을 배우고 협력하여 문제를 해결할 수 있는 플랫폼을 제공한다. 농업 공동체의 형성은 에코-얼라이브 농업의 확산 및 지속 가능한 발전에 있어 핵심적인 전략으로 자리 잡고 있다. 이러한 공동체는 농민들이 정보를 공유하고 서로의 경험에서 배우며, 공통의 문제에 대한 해결책을 함께 모색할 수 있는 강력한 플랫폼을 제공한다. 정보의 공유는 농업 기술, 시장 동향, 정부 정책 등 다양한 분야에 걸쳐 이루어지며 이를 통해 농민들은 서로의 성장을 돕고 개별적으로도 발전할 수 있다. 또한 공동체 내에서의 협력은 공동 연구, 마케팅 전략, 유통 네트워크 구축 등 다양한 형태로 이루어질 수 있으며 이는 농업 공동체의 경쟁력을 강화하고 지속 가능한 발전을 이루는 데 기여한다. 공동체를 통한 문제 해결 능력 역시 농민들이 서로를 지원하고 어려움을 극복하는 데 중요한 역할을 한다.

농업 공동체의 형성을 위해서는 온라인 플랫폼의 구축, 오프라인 컨퍼런스의 개최, 정부의 적극적인 지원 등이 필요하다. 온라인 플랫폼은 농민들이 시간과 장소에 구애받지 않고 정보를 공유하고 소통할 수 있는 공간을 제공하며 오프라인 컨퍼런스는 농민들이 직접 만나 경험을 공유하고 네트워킹을 형성할 수 있는 기회를 마련한다. 정부의 역할도 중요한데 예산 지원, 정책 개발 등을 통해 농업 공동체의 형성과 활동을 촉진할 수 있다.

농업 공동체의 활성화는 농민들이 지속 가능한 농업 방식을 보다 효과적으로 실천하고 확산시킬 수 있도록 하는 데 결정적인 역할을 한다. 정부와 기관, 기업의 지원과 농민들의 적극적인 참여가 결합될 때, 농업 공동체는 에코-얼라이브 농업의 이념을 실현하고 더 나은 미래로 나아가는 큰 힘이 된다. 이러한 공동체는 농민들에게 정보 공유의 장을 제공하고, 협력을 통해 더 큰 시너지를 발휘하며, 함께 문제를 해결해 나가는 과정에서 더 강력하고 지속 가능한 농업 생태계를 구축해 나갈 수 있다.

농업 공동체 형성은 농민들이 서로 협력하고 지속 가능한 농업 방식을 실천하는 데 중요한 역할을 한다. 정부, 기관, 기업의 지원과 농민들의 적극적인 참여를 통해 농업 공동체를 활성화하고 에코-얼라이브 농업을 확산해야 한다.

3) 정부, 기업의 역할: 정책 지원과 기술 개발

정책 지원 확대: 에코-얼라이브 농업 확산을 위한 지원

에코-얼라이브 농업의 성공적인 확산과 발전을 위해서는 정부의 적극적인 정책 지원이 필수적이다. 이를 통해 농민들이 에코-얼라이브 농업으로의 전환을 원활하게 진행할 수 있도록 경제적 지원을 제공하고 유기농 인증 비용을 지원하여 농민들의 부담을 경감시키며 농산물 가격 안정화 정책을 통해 소득을 보호할 수 있다. 또한 교육 및 홍보 강화를 통해 농민들에게 에코-얼라이브 농법에 대한 교육 프로그램을 제공하고 소비자들에게 에코-얼라이브 농업의 장점을 널리 알려 소비를 촉진하며 학교 교육 과정에 에코-얼라이브 농업 관련 내용을 포함시켜 미래 세대의 인식을 심어준다.

연구 개발 지원을 통해 에코-얼라이브 농법의 생산성 향상 및 환경 영향 감소를 위한 연구를 촉진하고 에코-얼라이브 농업에 적용할 수 있는 신기술 개발을 지원한다. 제도 개선을 통해 유기농 인증 시스템의 투명성을 높이고 에코-얼라이브 농산물 유통 시스템을 구축하여 소비자들이 쉽게 구매할 수 있도록 한다.

국제 유기농 농업 운동 연맹IFOAM과 같은 국제기구는 전 세계 정부들에게 유기농 농업 정책 개발 및 지원을 위한 권고안을 제시하여 유기농 농업의 전 세계적인 확산을 촉진한다. 유럽연합과 같은 지역적 연합체는 유기농 농업 지원 정책을 마련하여 회원국 내에서의 유기농 농업 확산을 촉진하고 있으며 한국을 비롯한 여러 국가에서도 에코-얼라이브 농업을 지원하기 위한 다양한 정책을 시행하고 있다.

정부의 이러한 노력은 에코-얼라이브 농업 환경을 조성하고 농민

들의 참여를 확대하며 소비자들의 인식을 변화시키는 데 있어 중요한 역할을 한다. 정책 지원을 통해 에코-얼라이브 농업의 지속 가능한 발전을 촉진하고 더 많은 사람들이 이 지속 가능한 농업 방식에 참여할 수 있도록 하는 것은 건강하고 지속 가능한 미래를 위한 필수적인 단계이다. 이를 통해 우리는 환경을 보호하고, 생물 다양성을 증진시키며 농민들의 경제적 안정성을 향상시킬 수 있다. 정부의 적극적인 참여와 지원은 에코-얼라이브 농업의 확산과 성공을 위한 중요한 촉매제로 작용하며 이는 모든 이해관계자들의 노력과 협력을 통해 실현될 수 있다.

정부의 적극적인 정책 지원은 에코-얼라이브 농업 확산을 위한 중요한 촉매제이다. 정부는 다양한 정책 지원을 통해 에코-얼라이브 농업 환경을 조성하고 농민들의 참여를 확대해야 한다.

기술 개발 투자: 혁신적인 농업 기술 개발

에코-얼라이브 농업이 지속 가능한 발전을 이루기 위해서는 혁신적인 농업 기술의 개발이 필수적이다. 이를 위해 정부와 기업이 협력하여 기술 개발에 대한 투자를 확대하는 것이 중요하다. 이러한 투자는 에코-얼라이브 농업의 생산성을 향상시키고 환경에 미치는 영향을 감소시키며 농업 자동화를 통해 농업의 효율성을 높일 수 있는 기회를 제공한다.

국제 유기농 농업 운동 연맹IFOAM은 전 세계 연구기관과 협력하여 유기농 농업 기술 개발을 지원하고 있으며 미국 농무부USDA는 에코-얼라이브 농업 기술 개발 연구를 지원하여 미국 내에서 이 분야의 혁

에코-얼라이브 딸기 농장(MBC 방영)

신을 촉진하고 있다. 한국에서도 농촌진흥청을 통해 에코-얼라이브 농업 기술 개발 연구가 지원되고 있으며 이를 통해 농민들에게 새로운 기술 교육의 기회를 제공하고 있다.

정부는 예산 투자를 확대하여 에코-얼라이브 농업 기술 개발 연구를 지원해야 하며 기업과의 협력을 통해 공동 프로젝트를 추진해야 한다. 또한 민간 투자를 유치하여 기술 개발을 더욱 활성화시킬 수 있는 방안을 모색해야 한다. 이러한 노력은 에코-얼라이브 농업의 장기적인 발전을 위해 필수적이며 혁신적인 기술을 통해 농업의 지속 가능성을 높이고 환경 보호에 기여할 수 있다.

기술 개발 투자의 확대는 생산성 향상, 환경 영향 감소, 농업 자동화 등 에코-얼라이브 농업의 다양한 측면에서 긍정적인 영향을 미칠 것이다. 이를 통해 농업이 직면한 현대적인 도전을 극복하고 농민들이 더 나은 생활을 영위할 수 있도록 지원하며 소비자들에게 더 건강하고 안전한 식품을 제공할 수 있는 기반을 마련할 수 있다. 따라서 에코-얼라이브 농업의 지속 가능한 발전을 위해 혁신적인 기술 개발에 대한 지속적인 투자와 연구 개발이 필수적이며 이는 정부, 기업, 연구기관, 민간 투자자들의 협력을 통해 달성될 수 있다.

혁신적인 농업 기술 개발은 에코-얼라이브 농업의 미래를 혁신하고 지속 가능한 식량 생산 시스템을 구축하는 데 중요한 역할을 한다. 정부, 기업, 연구기관의 협력을 통해 기술 개발 투자를 확대하고 혁신적인 농업 기술 개발을 가속화해야 한다.

교육 및 홍보 강화: 에코-얼라이브 농업 인식 개선

에코-얼라이브 농업의 확산과 성공적인 정착을 위해서는 소비자들의 인식과 태도에 변화를 일으키는 것이 중요하다. 이를 위해 정부와 기업은 에코-얼라이브 농업에 대한 교육과 홍보 활동을 강화해야 한다. 이러한 교육 및 홍보의 강화는 소비자들에게 에코-얼라이브 농업의 장점과 중요성을 알리고 에코-얼라이브 농산물에 대한 소비를 촉진하며 농민들이 이러한 농법에 더 적극적으로 참여하도록 독려할 수 있다.

국제 유기농 농업 운동 연맹은 웹사이트와 소셜 미디어를 통해 유기농 농업에 대한 정보를 전파하고 소비자들과 농민들을 위한 교육 프로그램을 운영하여 지식과 인식을 넓히는 데 앞장서고 있다. 미국의 로데일 연구소는 소비자들에게 에코-얼라이브 농업의 이점을 알리기 위한 다양한 교육 프로그램과 캠페인을 진행하며 한국의 농촌진흥청도 에코-얼라이브 농산물의 소비를 촉진하기 위한 홍보 캠페인과 교육 프로그램을 운영하고 있다.

온라인 플랫폼의 활용은 이러한 교육 및 홍보 활동을 더욱 효과적으로 만들 수 있다. 웹사이트와 소셜 미디어를 통해 에코-얼라이브 농업에 대한 정보를 쉽게 접할 수 있게 하고 소비자들과의 실시간 소통을 가능하게 한다. 또한 오프라인에서 운영되는 교육 프로그램은 소비자들에게 직접적인 경험을 제공하며 에코-얼라이브 농업에 대한 이해를 높일 수 있는 기회를 마련한다. 홍보 캠페인과 미디어를 활용한 광고는 에코-얼라이브 농산물의 소비를 촉진하고 더 많은 대중에게 이러한 농법의 중요성을 알릴 수 있는 방법이다.

교육 및 홍보 활동의 강화는 에코-얼라이브 농업이 지속 가능한 미래로 나아가는 데 필수적인 역할을 한다. 소비자들의 인식 개선과 농민들의 참여 확대를 통해 에코-얼라이브 농업은 더욱 광범위하게 확산될 수 있으며 이는 건강한 식생활, 환경 보호, 지속 가능한 발전으로 이어진다. 따라서 정부와 기업, 관련 기관들은 지속적으로 교육과 홍보에 투자하고, 이를 통해 에코-얼라이브 농업의 가치를 널리 알리는 데 힘써야 한다.

교육 및 홍보 강화는 에코-얼라이브 농업 확산을 위한 중요한 전략이다. 정부, 기업 그리고 시민 사회의 협력을 통해 에코-얼라이브 농업에 대한 인식을 개선하고 더 나은 미래를 만들어 나가야 한다.

8

'그린하다'와 함께하는 우리의 삶

1) 에코-얼라이브 농업, 우리 삶에 미치는 영향

개인의 건강 증진: 안전하고 건강한 식생활

에코-얼라이브 농업이 우리 삶에 미치는 영향은 매우 광범위하며 그 중심에는 개인의 건강 증진이 있다. 안전하고 건강한 식생활을 가능하게 하는 이 농업 방식은 화학 물질의 사용을 줄이고 토양의 건강을 개선하며 농산물의 영양분 함량을 증가시킨다. 이러한 변화는 화학비료와 농약의 사용을 줄임으로써 농산물에 남아있을 수 있는 화학 잔류 물질을 감소시키고 유기농 재배 방식을 통해 식품의 영양가를 높이며 최종적으로 식품 안전성을 향상시킨다.

국제 유기농 농업 운동 연맹, 미국의 로데일 연구소, 한국의 농촌진흥청과 같은 기관들은 에코-얼라이브 농산물의 건강상의 이점을 연구하고 이에 대한 인식을 높이기 위해 노력한다. 이들 기관의 연구와 홍보 활동은 소비자들이 안전하고 건강한 식품을 선택할 수 있도록 돕는 중요한 역할을 한다.

개인으로서 할 수 있는 가장 직접적인 행동은 에코-얼라이브 농산물을 구매하여 이러한 농업 방식을 지지하는 것이다. 또한 지역 농민과의 교류를 통해 에코-얼라이브 농업에 대한 이해를 높이고 주변 사람들에게 이러한 농업의 장점을 알리는 것도 중요하다. 이런 실천은 단지 건강한 식생활에만 기여하는 것이 아니라 환경 보호와 지속 가능한 발전에도 긍정적인 영향을 미친다.

에코-얼라이브 농업은 화학 물질의 사용을 줄임으로써 환경 오염을 감소시키고 지속 가능한 방식으로 토양 건강을 개선하며 식품의 안전성과 영양가를 높임으로써 우리 모두의 건강을 증진시킨다. 이러한 실천은 개인의 건강뿐만 아니라 우리 사회와 환경에도 긍정적인 변화를 가져올 수 있다. 따라서 우리 모두가 에코-얼라이브 농업을 실천하고 지지함으로써 건강하고 지속 가능한 미래를 만들어나갈 수 있다. 이는 단순히 먹거리를 선택하는 행위를 넘어서, 우리의 생활 방식과 가치관에 대한 깊은 성찰과 변화를 의미한다.

환경 보호: 지속 가능한 미래를 위한 기반

에코-얼라이브 농업은 우리의 건강뿐만 아니라 우리가 살고 있는 지구의 건강에도 중요한 역할을 한다. 이 지속 가능한 농업 방식은 화학 물질의 사용을 크게 줄임으로써 토양, 물, 공기의 오염을 감소시키고 유기농 재배를 통해 토양의 건강과 비옥도를 개선한다. 또한 다양한 생물들이 공존할 수 있는 환경을 조성하여 생물 다양성을 증진시킨다. 이러한 환경적 이점은 지구의 건강을 유지하고 지속 가능한 미래를 위한 기반을 마련하는 데 필수적이다.

국제 유기농 농업 운동 연맹은 전 세계 농민들에게 유기농 농업 교

육 프로그램을 제공하고 환경 보호를 위한 캠페인을 진행하여 에코-얼라이브 농업의 중요성을 알린다. 미국의 로데일 연구소는 에코-얼라이브 농업이 환경에 미치는 영향에 대한 연구를 수행하고 그 결과를 통해 이 농법의 환경적 이점을 강조한다. 한국의 농촌진흥청 또한 에코-얼라이브 농업을 통한 환경 보호 및 지속 가능한 발전을 지원하는 정책을 마련하고 이를 적극적으로 홍보한다.

우리 모두는 에코-얼라이브 농산물을 구매하고 지역 농민들과 교류함으로써 환경 보호에 도움을 줄 수 있다. 또한 에코-얼라이브 농업의 장점을 주변 사람들에게 알리고 이러한 실천에 대한 참여를 확대함으로써 더 많은 사람들이 이 움직임에 동참하도록 독려할 수 있다. 이러한 노력은 단순히 환경을 보호하는 것을 넘어 우리 모두가 건강하고 지속 가능한 미래를 만들어가는 데에 중요한 역할을 한다.

결국 에코-얼라이브 농업은 개인의 건강 증진과 환경 보호뿐만 아니라 지속 가능한 발전에도 크게 기여한다. 우리가 이러한 실천을 통해 만들어가는 변화는 단기적인 결과에 그치지 않고, 미래 세대에게 물려줄 가치 있는 유산이 된다. 따라서 우리 모두의 책임감 있는 선택과 노력으로 에코-얼라이브 농업을 실천하고, 건강하고 지속 가능한 미래를 위해 함께 나아가야 한다.

2) 우리 손으로 만들어가는 정의로운 미래

우리의 노력으로 조성되는 에코-얼라이브 농업은 단순한 농작업의 변형이 아닌 건강, 환경, 공동체 그리고 미래 세대를 위한 책임감 있는 선택이다. 이는 우리 모두가 매일의 소비 행위를 통해 지속 가능한 미래를 선택하고 지역 농민과의 긴밀한 협력을 통해 우리 지역 사회를 강화하며 환경을 보호하는 실천이다.

에코-얼라이브 농업에 참여함으로써 우리는 안전하고 건강한 식품에 대한 접근을 개선하고 환경 오염을 줄이며 지역 경제를 강화하는 등의 긍정적인 변화를 이끌어낸다. 또한 이러한 실천은 공정하고 포용적인 사회를 조성하고 후손에게 건강하고 지속 가능한 지구를 물려주기 위한 우리의 약속이 된다.

정부와 기업의 지원을 통한 정책 및 활동은 에코-얼라이브 농업의 확산에 필수적이다. 이를 통해 우리는 더 많은 사람들이 이 움직임에 참여하도록 독려하고 지속 가능한 농업이 우리 사회와 경제에 미치는 긍정적인 영향을 널리 알릴 수 있다.

에코-얼라이브 농업을 실천함으로써 우리는 건강한 미래, 지속 가능한 미래, 공정한 미래 그리고 희망찬 미래를 만들어 갈 수 있다. 이는 단순히 농업 기술의 변화를 넘어선, 우리 모두가 함께 나아가야 할 정의로운 길이다. 우리 모두의 참여와 노력으로 에코-얼라이브 농업은 지구상의 모든 생명체와 미래 세대를 위한 지속 가능하고 희망찬 내일을 약속한다.

이 길을 함께 걸으며 우리는 자연과 더불어 살아가는 법을 재발견하고 우리의 일상 속에서 지속 가능한 실천을 통해 더 나은 세상을 만들어가는 것이다. 에코-얼라이브 농업의 여정은 우리 모두에게 열려 있으며 이 정의로운 미래를 만들어가는 여정에 모두가 참여할 때 비로소 그 의미가 완성된다. 우리의 작은 실천이 모여 건강하고 지속 가능한 지구를 위한 큰 변화를 만들어내며 이는 우리 모두가 함께 만들어가는 정의로운 미래의 초석이 될 것이다.

9

에코-얼라이브 세상을 향해

1) 에코-얼라이브 농업과 만들어갈 미래 비전

① 에코-얼라이브 농업의 정의와 목표: 에코-얼라이브 농업이 무엇인지, 그리고 이 방식이 추구하는 주요 목표들(예: 지속 가능한 농업 실천, 환경 보호, 식량 안보 강화 등)을 소개한다.

② 현재의 도전 과제: 현대 농업이 직면하고 있는 환경 오염, 생물 다양성 감소, 기후 변화 등의 도전 과제들을 언급하며 이러한 문제들이 왜 중요한지 설명한다.

③ 에코-얼라이브 농업의 해결책: 에코-얼라이브 농업이 이러한 도전 과제들에 어떻게 대응하고 있는지 구체적인 사례와 함께 설명한다. 예를 들어 지속 가능한 토양 관리, 생물 다양성의 증진, 물리적 및 생화학적 자원의 효율적 사용 등이 포함될 수 있다.

④ 미래 비전: 에코-얼라이브 농업이 어떻게 세상을 변화시킬 수 있는지에 대한 비전을 제시한다. 이는 건강한 식탁, 환경적 지속 가능성, 지역 사회의 경제적 번영 등을 포함할 수 있다.

⑤ 개인과 사회의 역할: 에코-얼라이브 농업의 비전을 실현하기 위해 개인

과 사회가 어떤 역할을 할 수 있는지에 대한 제안을 포함한다. 예를 들어 지속 가능한 농산물의 소비 촉진, 교육 및 인식 개선 프로그램 참여, 지역 농업 지원 등이 될 수 있다.

⑥ 행동 촉구: 독자들이 이 비전의 일부가 되고 에코-얼라이브 농업과 관련된 활동에 적극적으로 참여하도록 독려하는 메시지를 공유한다.

이러한 구성 요소들은 미래 비전의 기본 틀을 제공할 수 있으며 각 섹션을 깊이 있게 탐구하여 관심 인사들에게 유익하고 영감을 주는 내용을 제공할 수 있다.

2) 함께 시작하는 새로운 여정

① 참여의 중요성: 지속 가능한 농업과 환경 보호에 있어 개인과 커뮤니티 참여의 중요성을 강조한다. 이는 에코-얼라이브 농업이 단지 농업 기술의 혁신을 넘어 사회적, 환경적 변화를 추구하는 데 필요한 집단적 노력이 필요하다.

② 실천의 첫걸음: 에코-얼라이브 농업에 참여하는 방법과 그것이 어떻게 개인의 일상생활과 연결될 수 있는지에 대한 구체적인 예를 들 수 있다. 예를 들어 지속 가능한 먹거리 소비, 지역 농산물 구매, 환경 보호 활동 참여 등이 있을 수 있다.

③ 공동체와의 연결: 지속 가능한 농업을 지원하는 지역 커뮤니티나 조직에 참여하는 방법을 탐색한다. 이는 교육 워크숍, 농업 협동조합, 환경 보호 단체 등 다양한 형태로 이루어질 수 있다.

④ 지속 가능한 미래를 향한 동기 부여: 에코-얼라이브 농업이 지향하는

지속 가능한 미래 비전을 공유하고 이러한 비전에 기여할 수 있는 개인
적, 사회적 행동을 장려한다. 또한 실천을 통해 어떻게 환경적, 사회적
변화를 만들어갈 수 있는지에 대한 동기를 부여한다.

⑤ 실천의 장벽과 극복: 지속 가능한 농업 실천에 있어서 마주칠 수 있는 장
벽들(예: 정보 접근성, 경제적 제약, 시간 관리 등)과 이를 극복하기 위
한 전략을 논의한다. 이는 실천을 위한 구체적인 팁, 자원, 지원 체계에
대한 정보를 제공함으로써 독자들이 실천에 보다 쉽게 참여할 수 있다.

⑥ 참여와 실천을 통한 변화의 실례: 실제로 에코-얼라이브 농업이나 지속
가능한 농업 관련 실천에 참여한 사례들을 소개하여 이러한 노력이 어
떻게 긍정적인 변화를 만들어냈는지를 보여준다. 이는 관심인사들에게
영감을 주고 자신도 변화의 일부가 될 수 있다.

⑦ 개인의 행동 변화가 더 큰 변화를 이끈다: 각 개인의 작은 행동 변화가
모여 큰 사회적, 환경적 변화를 만들어낼 수 있다는 메시지를 전달한다.
에코-얼라이브 농업 실천의 중요성을 강조하며 단순한 농법 변화를 넘
어 생태계 보호, 식량 안보 강화, 건강한 사회 구축으로 이어지는 긍정
적인 영향력을 준다.

⑧ 지속 가능한 미래를 향한 첫걸음: 독자들이 실제로 어떻게 참여하고 실
천할 수 있는지에 대한 구체적인 안내와 격려의 말을 담는다. 이는 에
코-얼라이브 농업에 대한 이해를 넓히고 지속 가능한 농업을 향한 실천
을 장려하는 데 중점을 둔다.

이 글을 통해 독자들은 에코-얼라이브 농업이 단순한 농법의 변화
가 아니라 환경 보호와 지속 가능한 미래를 향한 사회적 움직임의 일

[차별화된 종삼 포장에서 종주국 인삼의 미래를 보다]

〈총평〉 얼라이브-인삼용 시비 결과 1포기도 고사하지 않고 병해까지 전혀 없이
재배되었으며 종삼이 튼실하게 자라 주변 인삼 농가들의 질문이 쇄도하였다.

부임을 인식하게 될 것이라고 본다. 또한 각자의 역할과 참여가 어
떻게 전체적인 변화를 만들어낼 수 있는지 이해하고 지속 가능한 농
업과 환경 보호에 기여하기 위한 실천의 첫걸음을 내딛게 될 것이다.

10
우리의 미래, 우리의 선택

　첫째, 에코-얼라이브 농업의 중요성 강조: 에코-얼라이브 농업이 현대 사회에서 직면한 환경적, 사회적, 경제적 문제에 대한 해결책이 될 수 있다. 지속 가능한 농업 방식으로의 전환의 필요성을 강조하며 이러한 농법이 미래 세대에게 더 나은 세상을 남길 수 있는 중요한 역할을 한다.

　둘째, 에코-얼라이브 농업의 혜택: 에코-얼라이브 농업이 어떻게 토양 건강을 개선하고, 생물 다양성을 증진하며, 식량 안전을 강화하는지 강조한다. 이러한 농업 방식이 환경뿐만 아니라 농민의 삶의 질, 소비자의 건강 등 다양한 측면에서 긍정적인 영향을 미친다.

　셋째, 개인과 커뮤니티의 역할: 지속 가능한 미래를 향한 변화는 개인의 작은 실천에서부터 시작된다. 에코-얼라이브 농산물을 선택하는 것, 지역 농산물 지원하기, 환경 보호 활동에 참여하기 등 개인이 할 수 있는 실천 방안이다. 또한 지역 커뮤니티나 온-오프라인 플랫폼을 통해 같은 가치를 공유하는 사람들과 연결되어 함께 노력할 수 있다.

넷째, 정책 변화와 사회적 지원의 중요성: 에코-얼라이브 농업이 널리 퍼지고 지속 가능한 농업이 실현되기 위해서는 정책적 지원과 사회적 인식의 변화가 필수적이다. 정부, 기업, 비영리 단체 등 다양한 이해관계자가 이 방향으로 협력할 수 있는 방안과 정책 변화를 촉구한다.

다섯째, 결론과 호소: 에코-얼라이브 농업이 단순한 농법의 변화가 아니라 지속 가능한 미래로 가는 길을 여는 중요한 선택이다. 모든 독자가 이 변화의 일부가 될 수 있으며 자신의 실천이 세상을 변화시킬 수 있는 힘이 될 수 있다.

이러한 구성을 통해 독자들은 에코-얼라이브 농업의 가치를 이해하고 지속 가능한 미래를 위한 개인적이고 사회적인 실천에 동참할 수 있는 영감을 얻을 수 있을 것이다.

1) 함께 흙을 되살리고, 정의로운 미래를 만들어 나가기

① 흙의 중요성 재조명

흙이 지닌 생명력과 중요성에 대한 깊은 이해를 제공한다. 토양이 식품 생산분만 아니라 생태계 유지에 얼마나 중요한지 설명하여 흙을 보호하는 것이 왜 필요한지 강조한다.

② 에코-얼라이브 농업의 역할

에코-얼라이브 농업이 흙을 되살리고 생태계를 복원하는 데 어떻게 기여하는지 구체적인 사례와 기술을 통해 설명한다. 이는 관심인사들이 에코-얼라이브 농업이 실질적인 변화를 만들 수 있는 강력한 도구임을 이해하도록 돕는다.

③ 개인과 커뮤니티의 역할

각 개인과 커뮤니티가 흙을 되살리고 정의로운 미래를 만들어 나가는 데 어떻게 기여할 수 있는지 구체적인 방안을 제시한다. 작은 실천에서부터 시작하여, 이러한 변화가 어떻게 큰 영향을 미칠 수 있는지 사례를 통해 보여준다.

④ 실천을 위한 첫걸음

지속 가능한 농업 실천을 위한 첫걸음으로 무엇을 할 수 있는지 구체적인 조언과 가이드를 제공한다. 이는 관심인사들이 직접 실천에 나설 수 있도록 동기를 부여하고 각자의 환경에서 적용할 수 있는 실천적 조치를 안내한다.

⑤ 함께 나아가기 위한 호출

정의로운 미래를 만들기 위해 함께 노력해야 하는 중요성을 강조하며 모든 사람이 변화의 일부가 될 수 있다는 메시지를 전달한다. 이는 관심인사들에게 영감을 주고 행동으로 나아갈 수 있는 힘을 심어준다.

2) 에코-얼라이브 농법의 활성화 방안: 연구 결과

21세기 들어 생태계Eco-system와 생태친화시스템Eco-Alive System이 중요시되면서 생명과학 기반의 첨단 바이오기술이 2003년 말 다보스 포럼에 의해 소개되어 실용화되기에 이르렀다. 이를 종래 농업의 한계성에 대한 해결책으로 단순 비료를 혁신하는 신 개념의 비료시스템이라는 에코-얼라이브 농업이 저변 확대되고 있다.

그 동향에 발맞추어 생태친화 비료시스템Eco-friendly fertilizer system으로 칭하고 점차 중요성이 부각되어 심화 연구를 꾀했다. 이러한 시스템

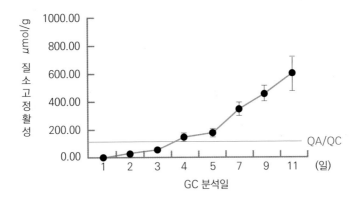

[질소 고정 능력과 조건별 작동 범위]

	작동 범위	최적 조건
pH	4.0~10	6.0~8.5
NaCl(%)	0.2~2.0	0.2~0.8
H_2O(%)	2~95	80~95
온도(℃)	15~45	28~40
회복기간(일)	4~10	8~80
산소분압($\mu mol/g$)	21~1	21~1

을 통해 제품의 신뢰성과 생산성을 바탕으로 안전한 먹거리와 친환경 산업의 업그레이드 정도가 혁신성과에 어떠한 영향을 미치는지 알아본 논문이 있다. 생명과학 기반의 농업융합기술의 산물로서 스마트 비료시스템이 생태농업에 미치는 영향을 실증적 데이터와 연구사례를 중심으로 살펴본 결과이다. 실험대상 모집단은 농산물 생산단계에서 에코-얼라이브 농법을 직접 채택한 전국에 분포된 농가들에게 설문조사를 실시하여 혁신성과에 미치는 영향에 대한 실증분석이 이루어졌다.

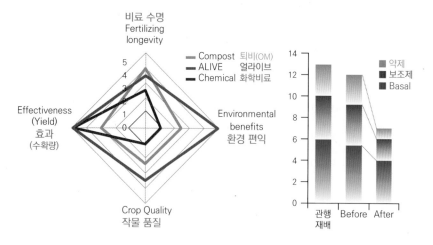

[관행농법과 에코-얼라이브 농법 비교]

이론적 배경은 에코-얼라이브 시스템에 접목된 미생물 특유의 질소고정 능력을 근거로 도표에서 보듯이 ARA 분석과 토양의 pH, 온도, 물 등 환경적인 조건 및 NaCl 등 다양한 영양적인 조건에서의 작동 특성을 전제로 한 것이다.

질소고정은 대기 중의 N_2를 NH_3로 고정하는 것을 의미한다. 대체로 10%는 번개 등 자연적으로, 15%는 비료 등 산업적으로, 나머지 75%는 미생물 등 생물학적으로 고정된다. 화학식으로 표기하면 효소에 의해 다음과 같이 작동되는 원리이다.

$N_2 + 8[H] \cdots\cdots\blacktriangleright 2NH_3 + H_2$

$C_2H_2 + 2[H] \cdots\cdots\blacktriangleright C_2H_4$

에코-얼라이브 시스템의 미생물은 휴면 상태에 있다가 물이 공급되면 3~5일이면 활성화되어 g당 120μmol 이상에 도달해 식물이 필요로 하는 질소를 충분히 고정하는 능력을 발휘한다.

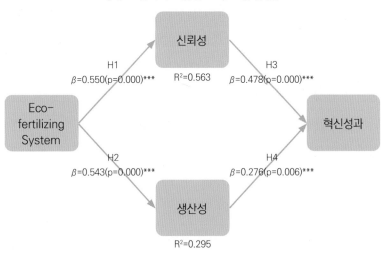

[에코-얼라이브 농법 효과 모형 검증]

가설	경로	β	표준오차	T-통계량	검증결과
H1	Eco-fertilizing System → 신뢰성	0.550	0.046	16.205	채택
H2	Eco-fertilizing System → 신뢰성	0.543	0.093	6.260	채택
H3	신뢰성 → 혁신성과	0.478	0.082	5.828	채택
H4	생산성 → 혁신성과	0.276	0.101	2.759	채택

약 20여 년간의 풀뿌리 마케팅을 거친 실증경험 효과를 간단히 도식화하면 위와 같으며 심층 연구에 필요한 데이터 수집은 2018년 2월에서 3월 사이 에코-얼라이브를 실제 사용한 농가 110명을 대상으로 했다. 기술통계량 및 확인적 요인분석 결과는 판별 타당성 분석과 합성 신뢰도를 바탕으로 이루어졌다.

그 결론은 첫째, 에코-얼라이브 사용은 토질 개선과 환경개선에 효과를 볼 수 있다는 점에서 중요한 의미를 갖는다. 둘째, 농가의 경쟁력 제고로 실증사례를 통해서 에코-얼라이브 제품을 통한 농가의 생산성 향상 효과는 중요한 의미를 갖게 한다. 셋째, 농산물의 생산 단계에서 안전 먹거리에 대한 성찰을 통해 경각심을 일깨워 영양 과잉과 결핍으로 유발되는 현실적 대안까지 제시한다. 넷째, 에코-얼라이브 농법은 부산물의 재활용Recycle을 넘어서 천연 폐기물의 새활용Up-cycling을 통해 한정 자원의 획기적인 선순환을 돕는다.

그 결과는 모든 경로에서 유의한 영향을 미치고 있음이 확인되었다.

3) 모두를 위한 에코-얼라이브 농업: 참여와 변화의 시작

첫째, 에코-얼라이브 농업의 가치와 중요성 재강조: 에코-얼라이브 농업이 현대 사회에서 직면한 환경 문제, 식량 위기, 생물 다양성 감소 등에 어떻게 대응할 수 있는지 강조한다. 지속 가능한 농업 방식으로 전환의 필요성과 이를 통해 달성할 수 있는 긍정적인 변화에 대해 다시 한번 설명한다.

둘째, 개인과 커뮤니티 차원에서의 참여 방안 소개: 에코-얼라이브 농업의 실천은 개인의 소비 습관부터 시작될 수 있음을 강조하며 소비자가 어떻게 이러한 농업 방식을 지원할 수 있는지 구체적인 방법을 제시한다. 또한 지역 커뮤니티 차원에서의 참여, 예를 들어 지역 농산물 직거래 지원, 에코-얼라이브 농법 교육 프로그램 참여 등에 대해 설명한다.

셋째, 정책 변화와 사회적 지지 촉구: 지속 가능한 농업 방식으로의 전환을 위해서는 정책적 지원과 사회적 인식의 변화가 필수적임을 강조한다. 관심인사들에게 정부와 관련 기관에 지속 가능한 농업 방식 지원을 촉구하고 이러한 변화를 위해 목소리를 내는 것의 중요성에 대해 설명한다.

넷째, 에코-얼라이브 농업으로의 초대: 독자들에게 에코-얼라이브 농업의 실천에 참여하고, 이를 통해 지속 가능한 미래를 함께 만들어나가자는 강력한 메시지를 전달한다. 이는 단순히 농업 기술의 변화를 넘어서 생태계와 인류의 건강한 공존을 위한 우리 모두의 책임이자 기회임을 강조한다.

다섯째, 결론: 에코-얼라이브 농업이 가져올 긍정적인 변화와 이를 통해 우리 모두가 누릴 수 있는 건강하고 풍요로운 미래에 대한 비전을 제시한다. 모든 이들이 이 변화의 일부가 될 수 있으며 작은 실천이 큰 변화를 만들어낼 수 있음을 강조한다.

이러한 구성을 통해 독자들은 에코-얼라이브 농업에 대한 이해를 깊게 하고 이를 실천에 옮길 수 있는 동기를 얻을 수 있을 것이다.

나가기 전

‘그린하다^{GREENHADA}’ 브랜드
〈별첨 부록〉 원천기술 소개 및 국내외 사례

나가기 전

‘그린하다GREENHADA’ 브랜드
〈별첨 부록〉 원천기술 소개 및 국내외 사례

GREENHADA into the Eco-Alive World

GREENHADA, the Eco-Alive World는 현대 사회가 직면한 환경적, 사회적, 경제적 도전 과제에 대한 지속 가능한 해결책을 제시한다. 이 개념은 단순히 환경 친화적인 농업 관행을 넘어서 인간과 자연이 조화롭게 공존할 수 있는 포괄적인 생태계를 구축하는 데 중점을 둔다. 그린하다는 생명과학과 농업의 융합을 통해 지속 가능하고 효율적인 식량 생산시스템을 개발하며, 생태계와의 조화를 추구한다.

생태 '얼' 살리기의 핵심 원칙은 모든 생명체의 존엄성과 가치를 인정하고 생태계 내에서의 상호 의존성을 이해하는 데 있다. 이 원칙은 농업이 단순히 식량을 생산하는 수단이 아니라 생태계의 건강과 지속 가능성을 유지하는 중요한 활동임을 강조한다. 그린하다는 유기 농업, 순환 농업, 통합 해충 관리와 같은 지속 가능한 농업 관행을 채택함으로써 토양의 비옥도를 유지하고, 생물 다양성을 보호하며, 자연 자원을 효율적으로 관리한다.

그린하다는 또한 금세기 최후의 생명과학 기술인 스마트 방출 메커니즘을 활용하여 에코-얼라이브 시스템을 실천하는 적극적인 컨셉이다. 이러한 기술적 접근은 식량 생산의 효율성과 지속 가능성을 극대화하며 기후 변화와 같은 글로벌 도전에 대응한다.

그린하다는 생태계와의 조화를 중시하는 사회적, 문화적 변화도 촉진한다. 『생태의 시대』 저자 라트카우처럼 "글로벌하게 생각하고 로컬하게 행동하라Think globally and act locally"는 지침대로 공동체의 참여와 교육을 통해 생태적 의식을 높이고 소비자들이 지속 가능한 식품을 선택할 수 있도록 격려한다. 또한 생태적 생활 방식을 채택함으로써 개인과 공동체가 자연과의 긴밀한 연결을 경험하고 지역 생태계를 존중하고 보호하는 데 기여할 수 있다.

정부와 정책 입안자는 그린하다의 실현을 위해 필수적인 역할을 하게 된다. 지속 가능한 농업을 촉진하기 위한 정책, 지원 프로그램, 연구 및 개발의 촉진은 이러한 전환을 가속화하는 데 중요하다. 이를 통해 지속 가능한 농업과 생태적 생활 방식이 사회 전반에 걸쳐 널리 채택될 수 있다.

GREENHADA, Eco-Alive Farming World는 지속 가능한 미래를 향한 길을 제시한다. 이러한 접근 방식은 인류와 지구 모두에게 이익이 되며 우리가 직면한 환경적, 사회적 도전에 대응하는 지속 가능한 해결책을 제공한다. 우리 모두가 그린하다의 원칙을 채택하고 실천함으로써 더욱 건강하고 지속 가능한 세계를 만들어 갈 수 있기를 희망한다.

그린하다GREENHADA 브랜드

'그린하다'는 이름이 곧 슬로건인 브랜드이다. 하나의 단일화된 비전을 내포하며 우리의 간절한 바람을 담고 있다. '그린하다'는 단순한 브랜드를 넘어 상징이자 캐릭터인 '하다HADA, 천사'를 갖고 있다. '하다'는 황폐화되고 병들고 죽어가는 존재와 장소를 치유하는 천사와 같은 존재이다. 인류와 공생하는 동식물에게 친구이자 의사, 구세주로서 힐링과 생명력을 불어넣으며 부지런히 그 역할을 수행한다. 우리는 '하다'의 활동을 지지하고 후원할 계획이다. 그 존재가 단지 상상 속의 존재가 아닌, 실제 지상에서 인정받는 존재가 될 때까지 말이다.

'그린하다'는 생태과학 기술인 에코-얼라이브를 통해 지구의 생태계를 살리고 인간의 모든 생명을 더 건강하고 지속 가능하게 만드는 에코-라이프 브랜드이다. 우리는 세계를 녹색으로 물들이기 위

GREENHADA Logotype
심볼 및 타이틀 로고

'지구를 푸르게하는 요정 HADA'

요정 HADA가 별을 들고있는 옆모습을 '지구를 푸르게하는 활동
'GREEN'과 연계될 수 있도록 지구표면으로 이미지했습니다.
위의 1번(타이틀)과 2번(심볼)은 개별적으로 사용할 수도,
3번과 같이 병합하여 시그니처 이미지로도 사용할 수 있도록 활용성을 높였습니다.

*키컬러 #93DC4E는 갓 자란 싱그러운 풀잎색을 사용,
#5084FF는 생명을 품은 바다의 푸른색을 사용하여 나타냈습니다.

해 존재한다. '그린하다'는 '살리다'는 뜻을 가지고 있으며, 태초의 자연으로 돌아가 오염되고 황폐화된 곳을 과학 기술을 통해 되살리는 것이 우리의 임무이다. 간단히 말해, '그린하다'는 그린화^{Greenization} 사업이다. 지구는 현재 온난화로 인한 큰 열병을 앓고 있고, 인류 또한 온난화의 후유증으로 고통을 겪고 있다. 각국은 기득권을 위한 정치적, 경제적, 문화적, 기술적 전쟁에 뛰어들고 있다. 이 과정에서 ESG의 중요성이 우선순위에서 밀려날 때도 있지만, '그린하다'는 여전히 지구를 구원하는 것을 가장 중요한 임무로 여긴다. 특히 토양 오염, 수질 오염, 공기 오염은 인류의 생존 자체를 위협하고 있다. '그린하다'는 이러한 지구의 큰 문제들 중 하나를 해결하기 위해 탄생했다.

'그린하다'의 가치는 브랜드 그 자체이며, 존재 이유이자 사명이다. '그린하다' 하지 않으면 모든 것이 황폐화된다. 모든 삶의 영역이 비-그린화되어 가고 있으며, 의류 산업, 식품 산업, 주거용품 산업, 화장품 산업, 건강 기능 식품 산업, 의료 사업 등 모든 분야가 환경과 인간, 동식물의 생명을 위협하고 있다. AI와 로봇 산업의 발전도 에너지 과소비로 지구 온난화와 오염을 가속화하고 있다. 아무도 이 중대한 시점에서 십자가를 지고 나서지 않는 지금, '그린하다'는 혁신과 창의성을 통해 지구와 인류를 보호하기 위해 끊임없이 다양한 산업에서 도전하며 시도할 것이다. '그린하다'는 지속 가능성을 가져다 주고 그린화 할 수 있는 라이프스타일 사업에 대한 힐링의 가치에 관심을 가지고 투자와 연구 그리고 산업화에 몰입할 것이다.

'그린하다^{GREENHADA}'의 스토리는 생명, 치유, 혁신의 가치를 중심으로 전개된다.

- 생명LIFE: 생명을 사랑하고 존중하며 생명의 가치를 최우선으로 여긴다.
- 치유HEALING: 병들고 오염된 생명을 다시 회복시키는 것이 우리의 최우선 임무이다.
- 혁신INNOVATION: 생태 기술 연구를 통해 지구 생태계의 문제를 해결한다.

이 모든 것의 브랜딩 영역은 에코ECO, 생명LIFE, 집HOME, 음식FOOD, 동반자COMPANION, 인간HUMAN, 교육EDUCATION, 세대GENERATION 등 라이프 스타일Life Style을 아우르는 그린화Greenization 마케팅을 통하여 '그린하다 GREENHADA'의 비전을 구현하게 되며 지구와 지구상의 다양한 생명 생태들에게 희망과 재생의 테피스트리*를 제공하게 된다.

[별첨 부록] 원천기술 소개 및 국내외 사례

"Application of Life Sciences to Improve the Natural Resources Usage for Plant Growth" lectured by Prof. S.F. Pang at (사)한국자원식물학회 (2005.5.20.)

21세기를 앞두고 글로벌 기업들은 일찍이 전 지구촌의 문제들을 깊이 인식하고 이에 대한 해결방안을 강구해 왔다. 우리나라와 같이 산업역사가 짧은 국가들은 범지구적인 문제 해결의 선행 기술인 기초과학 분야의 투자에 다소 소홀한 측면이 있는 게 사실이다. 대규모 자본집약 산업인 까닭도 있지만 역사적으로 서구의 문물을 가

---

* 테피스트리Tapestry: 그리스어에 유래된 말로 '색상이 다른 씨실과 날실로 짠 직물'로 고품격의 직조예술품을 뜻하기도 한다.

까이해 온 홍콩 거부 리카싱의
청콩그룹은 무수한 사회공헌 사
업을 해오면서 이에 대한 해결
책으로 생명과학회사^{CK Life Sciences}
^{Int'l., Inc.}를 설립해 250여 명의 석
박사들에게 지구촌 과제를 수행

Prof. S.F. Pang, PhD. CTO of CKLS

하게 했다.

 그 결과, 지구촌이 안고 있는 심각한 질병과 환경 오염에 대한 원
천적인 답이 지구별의 원 주인이라고 해도 과언이 아닌 미생물에 있
음을 밝혀냈다. 그리하여 세계경제포럼^{WEF}에서 엄정한 심사과정을
거친 뒤 2004년 다보스포럼에서 '21세기를 이끌 30대 기술 중 하
나'로 선정되었다. 그 무렵 우리나라의 농업 발전을 위해 본 선도 기
술을 도입해서 상용화 및 업그레이드하여 국내는 물론 해외에까지
보급해 오고 있다.

 별첨은 2005년 한국 학회의 요청에 의해 세계적인 석학인 Prof.
S. F. Pang 박사가 특강했던 내용의 축약본이다.

World body selects HK-based biotech firm as pioneer in its field (12/01/2004)

Application of Life Sciences to Improve the Natural Resources Usage for Plant Growth

Prof. S.F. Pang, Ph.D

Over 35 years experience in biological research
-Prior to joining the Group, was Head of Physiology Department in the Faculty of Medicine, University of H.K.
-Has conducted research and lectured extensively in the U.S., Canada and Hong Kong
-Has published numerous articles and books on biological science
-Has been Founding Editor and Editor-in-Chief of Biological Signals and Receptors
-Is Founding President of the Hong Kong Society of Neurosciences

Doctorate in Biology from The University of Pittsburgh

Heading a team responsible for application research on products invented by CK Biotech Lab

WORLD
ECONOMIC
FORUM
THE WORLD ECONOMIC FORUM DESIGNATES TECHNOLOGY PIONEERS
FOR 2004: CK LIFE SCIENCES SELECTED AS ONE OF 30 IN THE WORLD

GREEN
HADA

Key points to note

1. A revolutionary innovative technology with low tech application and manufacturing methods
2. A visionary move into high technology in agriculture
3. Economically beneficial
4. Pioneer in Sustainable Agriculture
5. Pioneer in organic agriculture
6. Pioneer in nutrient recycling
7. Leader in curtailing and reversing global warming
8. Create more jobs (manure recycling, fertilizer production, waste water recycling, etc.)
9. Create a higher quality of life (better food quality, better water, better air, greener pasture, etc.)

Plant Resources

- **Food Security** – The growing population of the world (from 6 billion to 7.5-9 billion)
- **Biodiversity**
- **Oxygen**
- **Land** – protection, restoration
- **Energy transfer** – Capture the sun energy and turn it into Carbohydrate
- **Greenhouse gases storage** – especially for CO_2
- **Industrial sources** – rubber, paper, medicine

Resources Needed for Plant Growth

Natural Resources

- Farmland
- Nutrients
- Water
- Labour

Other Resources

- Social
- Government

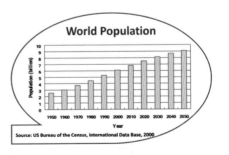

World Population

Source: US Bureau of the Census, International Data Base, 2000

Global Trends and Issues
on Natural Resources

- Farmland:
  - Poorer fertility,
  - Less Biodiversity,
  - Poorer soil structure from chemical uses,
  - Available land diminishing
  - **40%** has been degraded seriously and **26%** affected to various degree (UNEP, GEO-2000)

Global Trends and Issues
on Natural Resources

- Nutrients:
  - Abundant from Chemical fertilizers
  - 40% loss from leaching, inefficient
- Water:
  - Contamination in ground water and freshwater system from farmland
  - Algae bloom from nutrient leaching
  - Water quality from high population and industrial production

Global Trends and Issues
on Natural Resources

- Labour:
    - Wages
    - Education *public awareness*
    - Machineries *All sorts of fuel powered products (automobile, power generators & machineries that burn fuel and create pollution)*

Global Trends and Issues
on Other Resources

- Social:
    - Farmers selling their farms for urban or suburban development due to poor farmland value
    - Farmers' children move to the cities for jobs because of low income as a farmer
    - Residents are paying huge taxes on Environmental waste treatment
    - Chemicals are also used among residential population in ornamental gardening

Global Trends and Issues
on Other Resources

- Government:
  - Large subsidies are being paid to farmers in most countries
  - Spending on dealing with large amount of waste treatment or any disasters caused by pollution (decline of fishery and related industries)
  - Resources on drafting regulations on nutrient management for farmers

Answers to the Natural Resources Problems

- To protect the Plant Resources, we have to solve the natural resources problems

- Life sciences products that facilitate the nutrient recycling processes and improve the crop quantity/quality may provide part of the answers

Life Science Technology and Approaches

- Agricultural
  - GM plants – improve food production
  - Biological control – may create averse effects that have not been predicted and/or cannot be solved
  - Improve soil quality for sustainable farming
  - Increase crop yield and quality for higher income
  - Decrease water contamination
  - Recycle agricultural waste product

GREEN
HADA

Life Science Technology and Approaches

- Environmental
  - Waste treatments using physical and/or chemical methods are expensive and have 2nd pollution
  - Life Sciences provide efficient ways of composting and waste water treatment, especially for organic waste
  - Reduce waste treatment time and cost
  - Reduce other environmental issues such as odor and contamination

Eco-alive Technology

– One of the many
Life Science Technologies

Achieve the sustainable agriculture concept
- Re-use agricultural by-products as ingredients
  - Manure
  - Plant residues
  - Organic waste
- Eliminate the deterioration of soil from intensive farming

What is Eco-alive ?

Formula of MBFS
- Non chemicals with agricultural by-product ingredients
  - Farm compost
  - Corn starch or flour or wheat bran
  - Strains of *microbes*
- Uniqueness:
  - Capable of fixing nitrogen from the air, decomposing nitrogen, phosphates & potassium in the soil & compost
  - Capable of interacting with the plant to supply them with just the RIGHT of amount of N, P & K at the RIGHT time

Microbes Base Fertilizing System (MBFS) in Eco-alive Agriculture

MBFS = Eco-Alive (ALIVE)

Mechanism:

How does MBFS Work with the Plant?

Microbes	Function
N-releasing	N_2 from air — soluble N
P-releasing	Phosphates in soil & compost — soluble P
K-releasing	Insoluble K in soil & compost — soluble K
Other strains	Energy and growth factors

Microbes are in dormant
stage in dry MBFS pellets

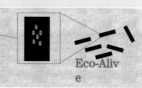

Eco-Alive

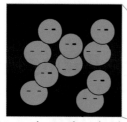

Water activates the microbes

Microbes proliferate by
establishing colonies in the soil

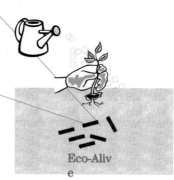

Eco-Alive

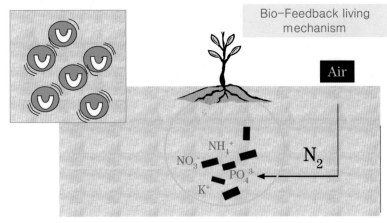

Bio–Feedback living mechanism

Microbes fix N_2 from the air, convert insoluble P & K to soluble forms
Strains of microbes work in an interactive relationship to sustain the functions

Plant roots "detect" the concentration of N & grow towards the SOURCE of nutrient

- When plant absorbs the N, the lowered concentration activates the microbes again for N fixation
- Process continues & provides the nutrient when plant needs

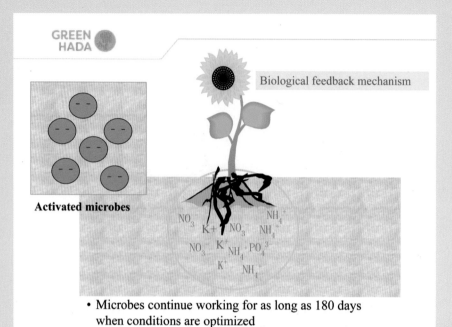

GREEN HADA

Biological feedback mechanism

Activated microbes

$$NO_3^- \quad NH_4^+$$
$$K+ \; NO_3^- \quad NH_4^+$$
$$NO_3^- \quad K^+ \; NH_4^+ PO_4^{3-}$$
$$K^+ \quad NH_4^+$$

- Microbes continue working for as long as 180 days when conditions are optimized

---

GREEN HADA

International Organic Accreditation of MBFS

International Recognition of MBFS

Granted the **2004 Global Excellence Product Golden Rim ward** by the Chinese Enterprise Development Association of Taiwan

- Appointed as Official Fertilizer of *2004 International Conference on Sustainable Rice Production*, organized by **The Ministry of Agriculture**, PRC, in celebration of UN's International Year of Rice & World Food Day

- Appointed by World Economic Forum as a **Technology Pioneer of 2004**

MBFS = Eco-Alive
Improve Crop Yield and Quality

Carrot in Australia

Location: *Adelaide, Australia*
Collaborator: *South Australia Research & Development Institute*

Treatment	Application Rate (kg/ha)
Microbes-Based Fertilizing System (MBFS)	900 MBFS + 50 kg NH_4NO_3
Grower Practice (GP)	500 kg NH_4NO_3

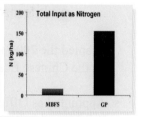

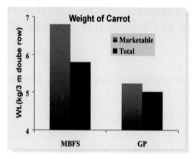

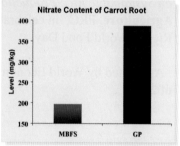

Pear in USA

Location: *Yakima, WA, USA*
Collaborator: *Organic Orchard Farm*

Treatment	Application Rate (kg/ha)
Microbes-Based Fertilizing System (MBFS)	850 kg MBFS
Grower Practice (GP)	85 kg N blood meal + 85 kg N bone meal

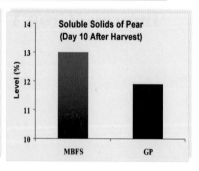

Grape in USA – Trial 1

Location: **Fresno, CA, USA**
Collaborator: **Raisin Farm**

Treatment	Application Rate (kg/ha)
Microbes-Based Fertilizing System (MBFS)	420 kg MBFS
Grower Practice (GP)	45 kg N UN32

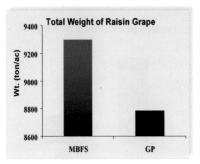

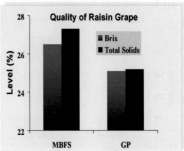

Grape in USA – Trial 2

Location: **Yakima, WA, USA**
Collaborator: **Organic Orchard Farm**

Treatment	Application Rate (kg/ha)
Microbes-Based Fertilizing System (MBFS)	300 kg MBFS
Grower Practice (GP)	80 kg N bone meal

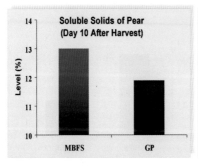

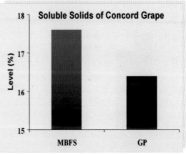

Chinese Wolfberry in China

Location: **Ningxia, China**
Collaborator: **University of Hong Kong**

Treatment	Application Rate (kg/tree)
Microbes-Based Fertilizing System (MBFS)	0.4 kg MBFS + 7.5 kg sheep manure + 0.125 kg soybean cake
Grower Practice (GP)	17.5 kg sheep manure + 1.25 kg soybean cake + 0.15 kg 18-46-0

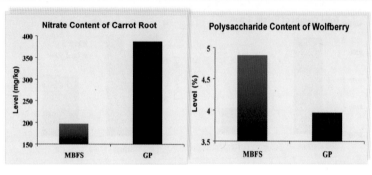

Orchid in China

Location: **Guangzhou, China**
Collaborator: **South China Institute of Botany**

Treatment	Application Rate (/plant)
Microbes-Based Fertilizing System (MBFS)	3 g MBFS + 36 mg N + 4.2 mg P + 66 mg K
Grower Practice (GP)	816 mg N + 952 mg P + 1496 mg K

* NPK applied as fermented peanut solution

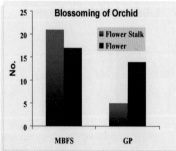

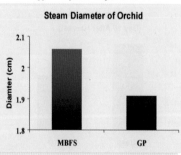

Tomato in USA

Location: ***Fresno, CA, USA***
Collaborator: ***Organic Vegetable Farm***

Treatment	Application Rate (kg/ha)
Microbes-Based Fertilizing System (MBFS)	880 MBFS + 11000 poultry manure
Grower Practice (GP)	11000 poultry manure + 330 kg sodium nitrate

	Total Fertilizer Cost US $ /ha	Yield ton/ha	Yield Income US $ /ha	Net Income US $ /ha
MBFS	429	109.7	9653.6	9224.6
GP	247.5	98.7	8685.6	8438.1

Soil Improvements

- **Short-Term:**
  - Increases moisture holding capacity
  - Improves aeration within soil due to denser roots
- **Long-Term:**
  - Increases organic matter
  - Decrease compaction & bulk density
  - Increases soil beneficial microbial population
  - Alleviates soil deterioration problem
  - Enhance soil remediation

Vegetable Field in China

Location: **Xuzhou, China**
Collaborator: **Vegetable Farm**

5 year study on chemical-fertilized field & MBFS- fertilized field

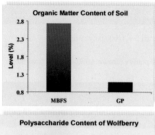

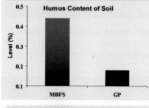

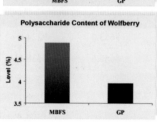

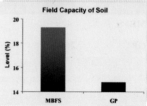

Chinese Wolfberry in China

Location: **Ningxia, China**
Collaborator: **University of Hong Kong**

Treatment	Application Rate (kg/tree)
Microbes-Based Fertilizing System (MBFS)	0.4 kg MBFS + 7.5 kg sheep manure + 0.125 kg soybean cake
Grower Practice (GP)	17.5 kg sheep manure + 1.25 kg soybean cake + 0.15 kg 18-46-0

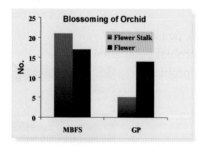

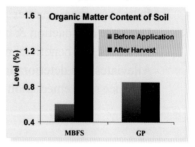

Grape in USA

Location: **Fresno, CA, USA**
Collaborator: **Raisin Farm**

Treatment	Application Rate (kg/ha)
Microbes-Based Fertilizing System (MBFS)	420 kg MBFS
Grower Practice (GP)	45 kg N UN32

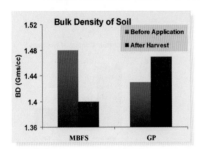

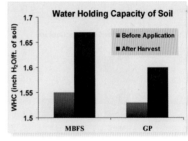

 Environmentally Friendly

- **Short-Term:**
  - Reduces chemical input
- **Long-Term:**
  - Reduces nutrient leaching
  - Alleviates groundwater contamination problem
  - Alleviates potential problem to human health

Leaching Study on Tobacco

Location: **Greenhouse, HKU, HK**
Collaborator: **University of Hong Kong**

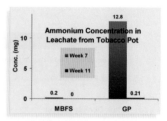

Treatment	Application Rate (g/pot)
Microbes-Based Fertilizing System (MBFS)	10 g MBFS
Grower Practice (GP)	10 g 15-9-15

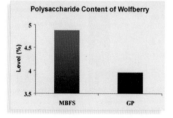

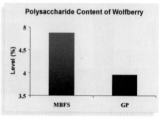

GREEN
HADA

Why does we develop Eco-alive Technology ?

- Further pursue goals of Sustainable Agriculture
- Promote "self-sustained" local manufacturing industry
- Promote nutrient recycling within local ecosystem
- Utilize renewable resources (manure & compost) in a more efficient manner

MBFS = Eco-Alive (ALIVE)

What can **Eco-alive** Achieve ?

- **Accomplish goal/principle of SUSTAINABLE ARICULTURE:**
  - *Meet the needs of the present without compromising the ability of future generations to meet their own needs*

Sound Nutrient Management

Pollution-Free Environment

Optimal Yield

Balanced Biological System; reduced greenhouse gases

High Quality Crop

Eco-Alive

Renewable Resources

Reduction in Energy Input

Good Profit

Preservation of Natural Resources & Environment

Reduction in Waste/air pollution

Maintained Soil Fertility & reduced flood/drought

Increase in Individual & Community Profitability

Fosters an SUSTAINABLE ECOSYSTEM

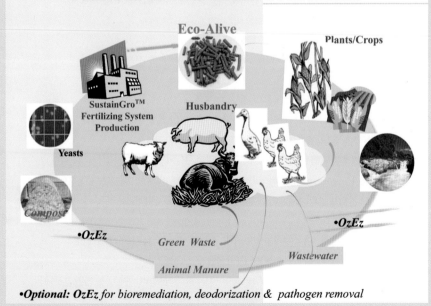

Eco-Alive

Plants/Crops

SustainGro™ Fertilizing System Production

Husbandry

Yeasts

Compost

•*OzEz*

•*OzEz*

Green Waste

Wastewater

Animal Manure

•*Optional: OzEz for bioremediation, deodorization & pathogen removal*

참고문헌

- 김계훈·김길용·이상은·현해남 외, 토양학, pp.226-280, 향문사, 2009.
- 김기선·(재)희망제작소, 밥상이 바뀌면 미래가 바뀐다, 울산시 북구청, 2012.
- 김응빈, 생물학의 쓸모(System Biology), 도서출판 길벗, 2023
- 김창길·강창용 외, 농업생태계의 물질순환 및 환경부하 분석, 연구보고, 한국농촌경제연구원, 2003.
- 석종욱, 농사는 땅심이다, 도서출판 들녘, 2020.
- 손상목, 채소의 질산염 감량 기술 개발, 단국대학교·농림부, 2000.
- 미국상원영양문제특별위원회 지음, 원태진 편역, 잘못된 식생활이 성인병을 만든다(개정판), 형성사, 2003.
- 윤성희, 토양의 먹이사슬을 살리는 미생물 농법, 전국귀농운동본부, 2012.
- 이계호, 태초먹거리, 그리심어소시에츠, 2016.
- 이병국, 농협 흙살리기 운동의 성과와 발전방향, 흙살리기 심포지엄 4주제, 농협중앙회, 2011.
- 이영자, 환경농업총람, 안양시: 농경과 원예, 2003.
- 임상철·윤세영 외, 배추재배에 있어서 계분혼합 효모제의 화학비료 대체효과, 한국자원식물학회 2005년도 춘계학술대회, 2005.
- 정강현·임지순 외, 식품가공학, 문운당, 2007.
- 정광화·이동헌 외, 폐기물인가? 자원인가?: 가축분뇨의 잠재적 가치, 농진청 인터로뱅 제97호, 2013.
- 정대이, 유기농은 꼭 이루어진다, 도서출판 들녘, 2021.
- 정윤상, 내 몸을 살린다 시리즈(합본) 전25권, 모아북스, 2015.
- 채제천·박순직 외, 재배학원론, pp.18-21, 향문사, 2010.
- 최동윤, 가축분뇨와 자연순환-처리와 자원화, 표준영농교본, 농촌진흥청, 2007.
- Eugene P. Odum 지음, 최병록 외 공역, ODUM 생태학, 형설출판사, 1982.
- 최병칠, 환경보전과 유기농업, 한국유기농업보급회 간행도서, 도서출판 ㈜찬양, 1992.
- 최병칠, 농업성전, 한국유기농업보급회 간행도서, 도서출판 ㈜찬양, 1994.
- 허북구, 미래를 바꾸는 탄소농업, 중앙생활사, 2022.
- 황병대, 퇴비제조 실무과정, 미생물을 이용한 양질퇴비 생산, 농협안성교육원, 2007.

- 황병대, 효모 기반의 미생물제제 사용이 오이의 수량과 품질에 미치는 영향, 2012.
- 황병대, 생태친화비료시스템 이용에 따른 농가의 혁신성과에 대한 탐색적 연구, 2018.
- 히가테루오, EM환경혁명- EM기술과 초순환형 사회로의 길, 전주대학교출판부, 2009.
- 쓰타야 에이치 지음, 전찬익 옮김, Agro-society 미래를 경작하는 농적 사회. ㈜한국학술정보, 2023.
- Joachim Radkau 지음, 김희상 옮김, 생태의 시대(Die Ära der Ökologie), ㈜열린책들, 2022.

‖ 국외문헌
- Alberto Howard, An agricultural testament, New York and London: Oxford Uni. Press, 1943.
- Aldich, Nitrogen in relation to food, environment, and energy, Agricultural experiment station special publication 61, University of Illinois. Urbana, IL., 1980.
- CKLS, Restoring Freshness to nature and bringing quality to life, 1st qtr report, CK Life Sciences Int'l., (Holding) Inc., 2003.
- David Holmgren 지음, 이현숙·신보현 공역, 퍼머컬쳐. ,보림출판사, 2014.
- Hong Kong Trader for business readers around the world(2004), World body selects HK-based biotech firm as pioneer in its field, Hongg Kong Trade Development Council, 2004. 1. 12.
- Jack, E. Rechcigh, Soil amendments and environmental quality, agriculture and environment series, 1990.
- Madigan, M. T., Martinko, J. M., and Parker, J., 오계헌 외 18인 공역, Brock biology of microorganisms(11th ed.), 도서출판 월드사이언스, 2006.
- Pang, S. F., Sustainable agriculture, restoring freshness to nature, bringing quality to life, Introduction, CK Life Sciences Int'l., (Holdings) Inc., 2004.

참고문헌

- Pang, S. F., Application of life sciences to improve the natural resources usage for plant growth, pp.1-69, the Plant Resources Society of Korea, 2005.
- Robert M. Veatch 지음, 이종원 외 옮김, 히포크라테스와 생명윤리, 북코리아, 2013.
- Sudharshana, C., and Prakash, T., Effect of imazethapyr and pendime-thalin on nitrogen fixing ability and plant growth parameters in groundnut (arachis Hypogaea L.), 20th Ed. Congress of Soil Science, 2014.
- Sylvia, M. S., Fuhrmann, J. J., Hartel, P. G., Zuberer, D. A. 지음, 신현동 외 6인 공역, Principles and applications of soil microbiology, 도서출판동화기술, 2009.
- William D. Nordhaus 지음, 김홍옥 옮김, 그린의 정신(The Sirit of Green), 에코리브르, 2023.
- Yvon Chouinard 지음, 이영래 옮김, 파타고니아-파도가 칠 때는 서핑을(Patago-nia, Let my people go surfing), 라이팅하우스, 2020.
- World Economic Forum designates technology pioneers for 2004. CK Life Sciences selected as one of 30 in the world. Dec. 12, 2003. Hong Kong [www.weforum.org(2003)]
- Yip, K. T., Research on Eco-fertilizer Marketing Strategy, Eco-fertilizer Studying Group, Bell, 2004.
- 張令玉, 三安超有機食品(San's an superior organic food), 中國農業科學技術出版社, 2008.

∥ 특허
· 황병대, 미생물을 함유한 정제형 유기질비료의 제조방법, 특허등록번호 10-1388907, 대한민국 특허청, 2014.

Cheung, L. Y., Biological fertilizer compositions comprising poultry manure, Patent no. 2002187552, 2002.

1. Zhang, Lingyu(2004). Biological fertilizer based on yeasts, Patent no. 06828131. U.S.A.
2. 복합토양개량제의 제조방법(Method of soil reclamation pellet for crop using germanium powder)(특허출원번호 10-2001-6540호)

∥ 참고자료
· 비료연감, 한국비료협회, 2014.
· CSR, 2030을 만나다, JB CREATIVE, 2021.
· 작물별 재배유형별 표준시비량과 시비추천량, 농촌진흥청, 2000.
· 제3차 친환경농업 육성 5개년 계획, 농림수산식품부, 2011.
· 축산폐기물 자원화, 동화기술, 2011.
· 친환경 기능성 비료산업 방전방안 심포지엄, aT센터, 농기자재신문, (사)한국친환경농자재협회, 2013. 12. 6.
· 유용미생물 복합체를 이용한 친환경 생물비료 개발 최종연구보고서, 농림수산식품부, 2007.
· 김기홍, 세계 생물비료 시장 지속적으로 성장, 농민신문, 2017. 1. 16.
https://www.nongmin.com/article/20170114056217

그린하다

친환경을 넘어 생태를 살리는 에코-얼라이브 솔루션

© 황병대, 2024

1판 1쇄 인쇄__2024년 06월 20일
1판 1쇄 발행__2024년 06월 30일

지은이__황병대
펴낸이__홍정표
펴낸곳__글로벌콘텐츠
　　　　등록__제25100-2008-000024호

공급처__(주)글로벌콘텐츠출판그룹
　　　　대표__홍정표 이사__김미미 편집__임세원 강민욱 남혜인 권군오 기획·마케팅__이종훈 홍민지
　　　　주소__서울특별시 강동구 풍성로 87-6
　　　　전화__02) 488-3280 팩스__02) 488-3281
　　　　홈페이지__http://www.gcbook.co.kr
　　　　이메일__edit@gcbook.co.kr

값 24,000원
ISBN 979-11-5852-413-5 03520